"十四五"职业教育国家规划教材

"十三五"江苏省高等学校重点教材（编号：2017-2-129）

高等职业教育系列教材

机电产品三维设计

宋海潮　何延辉　邢乾坤　编著

机械工业出版社

本书选用西门子 UG NX 10.0 软件，以工业机械手图册中机械臂、通用气动机械手、送料机械手、扭尾机械手为载体，按照生产流程安排教学内容，重构知识结构体系。全书共 3 篇：第 1 篇是三维建模，主要讲述三维实体建模、产品装配、工程图绘制等 UG NX 基础知识；第 2 篇是运动仿真，主要讲述利用 UG/Motion 功能对三维实体模型各部件设立连接关系、赋予运动学特性，建立运动仿真模型；第 3 篇是概念设计，主要讲述通过 UG/MCD 模拟机械手搬运的操作过程。

本书采用项目驱动方式编写，通过图纸分析、部件建模、部件装配、知识技能点、实例演练及拓展等实现"教、学、做"的统一，培养机电一体化专业学生对机电产品进行设计、三维建模、模拟仿真和机电概念设计的学习能力。

本书适合作为高等职业院校机电一体化专业等相关专业 UG 产品设计课程用，也可作为工程技术人员的参考教材和培训用书。

本书提供配套的电子课件和二维码视频资源，读者可扫描封底"IT"字样二维码，关注后输入"61603"即可获得下载链接。

图书在版编目（CIP）数据

机电产品三维设计 / 宋海潮，何延辉，邢乾坤编著. —北京：机械工业出版社，2019.1（2024.8 重印）

高等职业教育系列教材

ISBN 978-7-111-61603-0

Ⅰ. ①机… Ⅱ. ①宋… ②何… ③邢… Ⅲ. ①机电设备—产品设计—计算机辅助设计—应用软件—高等职业教育—教材 Ⅳ. ①TB472-39

中国版本图书馆 CIP 数据核字（2018）第 278126 号

机械工业出版社（北京市百万庄大街 22 号　邮政编码 100037）

策划编辑：李文轶　　责任编辑：李文轶

责任校对：张艳霞　　责任印制：郜　敏

北京富资园科技发展有限公司印刷

2024 年 8 月第 1 版·第 6 次印刷

184mm×260mm·15 印张·367 千字

标准书号：ISBN 978-7-111-61603-0

定价：45.00 元

电话服务　　　　　　　　　　网络服务

客服电话：010-88361066　　机　工　官　网：www.cmpbook.com

　　　　　010-88379833　　机　工　官　博：weibo.com/cmp1952

　　　　　010-68326294　　金　书　网：www.golden-book.com

封底无防伪标均为盗版　　机工教育服务网：www.cmpedu.com

关于"十四五"职业教育
国家规划教材的出版说明

为贯彻落实《中共中央关于认真学习宣传贯彻党的二十大精神的决定》《习近平新时代中国特色社会主义思想进课程教材指南》《职业院校教材管理办法》等文件精神，机械工业出版社与教材编写团队一道，认真执行思政内容进教材、进课堂、进头脑要求，尊重教育规律，遵循学科特点，对教材内容进行了更新，着力落实以下要求：

1. 提升教材铸魂育人功能，培育、践行社会主义核心价值观，教育引导学生树立共产主义远大理想和中国特色社会主义共同理想，坚定"四个自信"，厚植爱国主义情怀，把爱国情、强国志、报国行自觉融入建设社会主义现代化强国、实现中华民族伟大复兴的奋斗之中。同时，弘扬中华优秀传统文化，深入开展宪法法治教育。

2. 注重科学思维方法训练和科学伦理教育，培养学生探索未知、追求真理、勇攀科学高峰的责任感和使命感；强化学生工程伦理教育，培养学生精益求精的大国工匠精神，激发学生科技报国的家国情怀和使命担当。加快构建中国特色哲学社会科学学科体系、学术体系、话语体系。帮助学生了解相关专业和行业领域的国家战略、法律法规和相关政策，引导学生深入社会实践、关注现实问题，培育学生经世济民、诚信服务、德法兼修的职业素养。

3. 教育引导学生深刻理解并自觉实践各行业的职业精神、职业规范，增强职业责任感，培养遵纪守法、爱岗敬业、无私奉献、诚实守信、公道办事、开拓创新的职业品格和行为习惯。

在此基础上，及时更新教材知识内容，体现产业发展的新技术、新工艺、新规范、新标准。加强教材数字化建设，丰富配套资源，形成可听、可视、可练、可互动的融媒体教材。

教材建设需要各方的共同努力，也欢迎相关教材使用院校的师生及时反馈意见和建议，我们将认真组织力量进行研究，在后续重印及再版时吸纳改进，不断推动高质量教材出版。

机械工业出版社

前　言

本教材按照"十三五"江苏省高等学校重点教材建设实施方案"要求,在高职高专国家示范重点专业建设经验总结基础上,结合江苏省高校品牌专业"机电一体化"和江苏省骨干专业"机械制造与自动化"建设要求进行编写。按照产品分析、三维建模和运动仿真的工作流程构建知识体系,把培养学生的职业素养、专业能力作为主要目标。本教材选用西门子UG NX 10.0 软件,使学生熟悉三维实体建模、产品装配、工程图绘制和产品运动仿真等模块的功能和应用,培养机电一体化等相关专业学生对机电产品进行设计、三维建模、模拟仿真和概念设计的能力。

本教材的主要特色如下:

1) 以机械手三维建模及运动仿真重构教学内容。本教材以"机电产品三维结构设计及运动仿真"为导向,选取工业机械手为载体,按照企业生产流程安排教学内容,重构为基于工作过程的知识结构体系,使学习过程与工作流程紧密结合,技能和职业素养得到同步训练。

2) 本教材的设计体现"教中做,做中学"的一体化教学模式。构建"任务引领式"教学单元,即图纸分析→部件建模→部件装配→知识技能点→实例演练及拓展,实现"教、学、做"的统一。

3) 本教材配有 69 个二维码教学资源,同时还有动态共享的网络课程(http://www.icourse163.org/spoc/course/NIIT-1003196002)。本教材引入企业典型案例,配套的教学课件、视频及动画,使复杂问题简单化、抽象内容形象化、动态内容可视化。

本教材提供配套的电子课件和二维码视频资源,读者可扫描封底"IT"字样二维码,关注后输入"61603"即可获得下载链接。

由于作者水平有限,书中难免存在错误和不足之处,敬请广大读者批评指正。

编　者

目　录

第2篇　机械手运动仿真

第3篇　机械手机电概念设计

第1篇 机械手三维建模

    党的二十大报告指出，科技是第一生产力、人才是第一资源、创新是第一动力。培养技术技能人才是提升综合国力重要而紧迫的任务。

    通过本部分学习，可以较好地掌握 UG/Modeling 中的命令，熟练应用软件建立产品的零件和装配体三维数字模型，进行零件和装配体的工程图输出等。

项目 1　机械臂的建模与装配

【项目内容】

1）全面了解机电产品三维建模的过程、零部件装配的顺序、零件二维图绘制的步骤。

2）全面、系统地了解机械产品图纸的绘制和结构装配过程。

项目对象为机械臂模型，装配图如图 1-1 所示，各部件的零件图如图 1-2 所示。

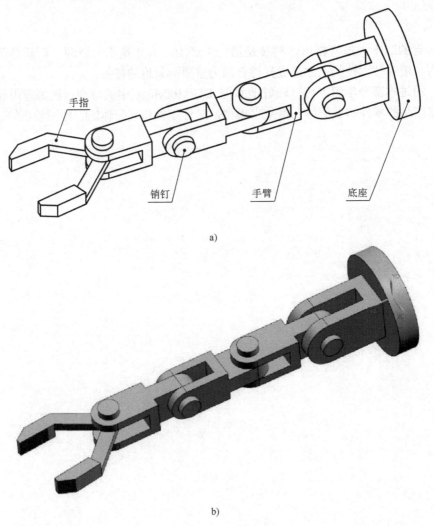

a)

b)

图 1-1　机械臂装配图

a) 整体机械臂结构图　b) 机械臂三维实体图

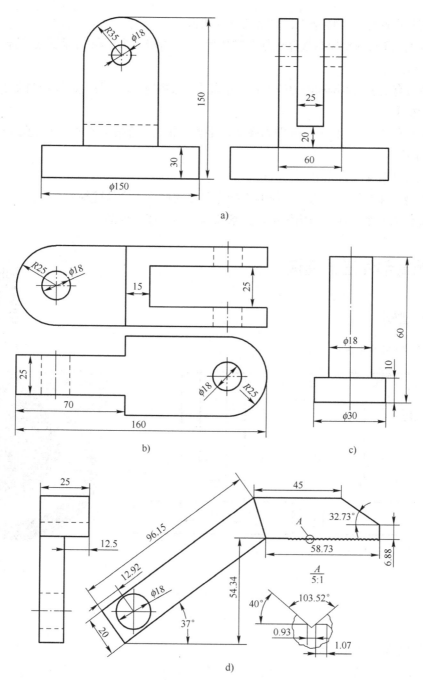

图 1-2　机械臂部件的零件图

a) 底座　b) 手臂　c) 销钉　d) 手指

【项目目标】

1）了解 UG NX 10.0 软件的基本用户界面。

2）了解界面操作、文件操作、实用工具等知识。

3）了解使用UG NX 10.0软件进行三维建模、二维图绘制、零件装配和运动仿真的基本思路和操作方法。

4）培养具有数字化思维和能力的技术技能人才，服务地方、区域经济社会的高质量发展。

【项目分析】

1）机械臂的组件共 4 个，分别为底座，手臂，销钉和手指。4 个组件通过装配组成装配体如图 1-1 所示。

2）机械臂共有 4 个自由度。

3）机械臂的 4 个组件，通过"拉伸"指令可以完成三维立体建模。

4）机械臂的 4 个组件，结构简单，图纸清晰，便于读者理解。

1.1　机械臂部件三维建模

1.1.1　底座建模

底座零件图如图 1-3 所示。

码 1-1　底座建模

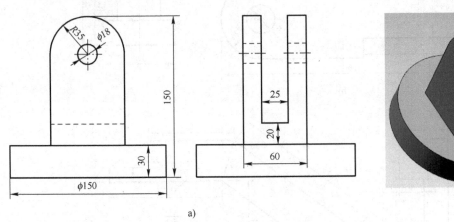

a)　　　　　　　　　　　　　　　b)

图 1-3　底座零件图

a) 二维图　b) 三维图

（1）创建草图（第 1 部分）

选择菜单栏的"插入"→"在任务环境中绘制草图"命令，系统弹出草图对话框，如图 1-4a 所示。"草图类型"选择"在平面上"，"草图平面"中的"平面方法"为"自动判断"，一般会自动选用 X-Y 平面，如果不是需手动选择 X-Y 平面为草图平面，"设置"里面 3 个选项全部勾选，单击"确定"按钮然后进入草图环境。以草图中心为原点，绘制直径为 150mm 的圆，如图 1-4b 所示。绘制完成后，单击"完成"按钮，退出草图环境。

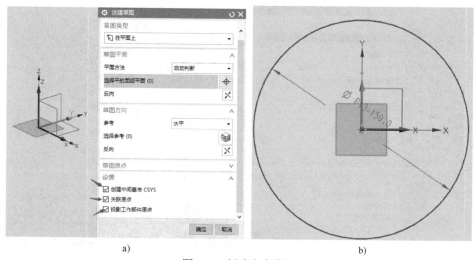

a)   b)

图 1-4   创建底座草图

a) 创建草图   b) 绘制草图

（2）拉伸草图（第 1 部分）

选择菜单栏的"插入"→"设计特征"→"拉伸"命令，选择上一步绘制的草图，指定的矢量为 Z 轴，开始的距离为"0mm"，结束的距离为"30mm"，"布尔"选择"无"，单击"确定"按钮完成拉伸，如图 1-5 所示。

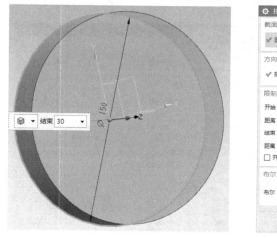

图 1-5   拉伸创建底座

（3）创建草图（第 2 部分）

选择菜单栏的"插入"→"在任务环境中绘制草图"命令，系统弹出草图对话框，如图 1-6a 所示。"草图类型"选择"在平面上"，"草图平面"中的"选择方法"为"自动判断"，然后单击坐标系中的 Y-Z 平面（图 1-6a 中箭头所指），将其作为草图平面，"设置"里面 3 个选项全部勾选，单击"确定"，进入草图环境。绘制如图 1-6b 所示的草图，绘制完成后，单击"完成"按钮，退出草图环境。

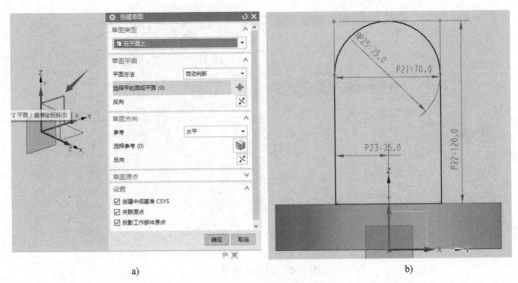

a)   b)

图 1-6 创建侧板草图

a) 创建草图　b) 草图绘制

（4）拉伸草图（第 2 部分）

选择菜单栏的"插入"→"设计特征"→"拉伸"命令，选择上一步绘制的草图，指定的矢量为 X 轴，在结束的地方选择"对称值"，距离为"30mm"，"布尔"选择"求和"，单击"确定"按钮完成拉伸，如图 1-7 所示。

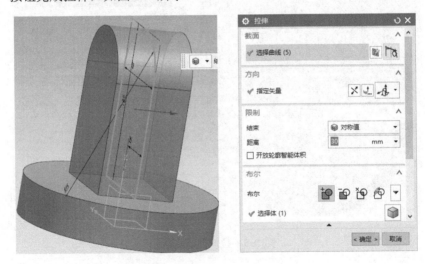

图 1-7 拉伸创建底座侧板

（5）创建草图（第 3 部分）

选择菜单栏的"插入"→"在任务环境中绘制草图"命令，系统弹出草图对话框，如图 1-8a 所示。"草图类型"选择"在平面上"，"草图平面"中的"平面方法"为"自动判断"，选择坐标系中的 X-Z 平面为草图平面（图 1-8a 中箭头所指），"设置"里面 3 个选项全部勾选，单击"确定"按钮然后进入草图环境。绘制如图 1-8b 所示草图，此长方形的长

6

没有限制，只需超过后面物体高度即可，绘制完成后单击"完成"按钮，退出草图环境。

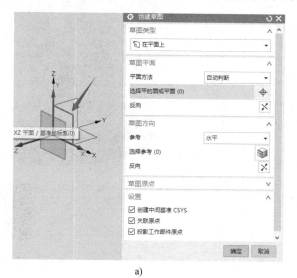 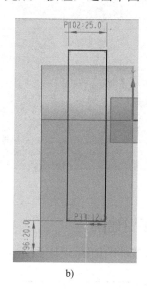

a)   b)

图 1-8　创建底座侧槽草图

a) 创建草图　b) 绘制草图

（6）拉伸草图（第 3 部分）

选择菜单栏的"插入"→"设计特征"→"拉伸"命令，选择上一步绘制的草图，指定的矢量为 Y 轴，在结束的地方选择"对称值"，距离为"50mm"。"布尔"选择"求差"，单击"确定"按钮完成拉伸，如图 1-9 所示。

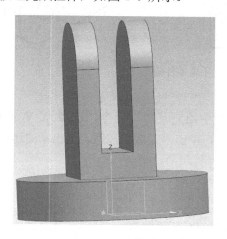 

图 1-9　拉伸创建底座侧槽

（7）创建孔

在菜单栏，选择菜单栏的"插入"→"设计特征"→"孔"命令，"形状"选择"简单孔"，选择箭头所指的点（如图 1-10 所示），直径选择"18mm"，深度的值选择"100mm"，"布尔"选择"求差"，完成后单击"确定"按钮，可完成底座建模，如图 1-10所示。

7

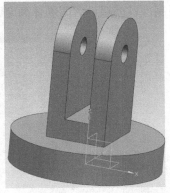

图 1-10　创建底座侧槽的孔

1.1.2　手臂建模

手臂零件图如图 1-11 所示。

码 1-2　手臂建模

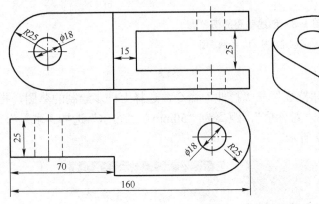
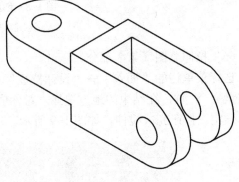

图 1-11　手臂零件图

（1）创建草图（第 1 部分）

选择菜单栏的"插入"→"在任务环境中绘制草图"命令，选择 X-Y 平面为草图平面，绘制如图 1-12 所示的草图，绘制完成后，单击"完成"按钮，退出草图环境。

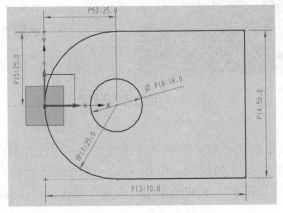

图 1-12　创建手臂草图 1

（2）拉伸草图（第1部分）

选择菜单栏的"插入"→"设计特征"→"拉伸"命令，选择上一步绘制的草图，指定的矢量为 Z 轴，开始距离为"0mm"，结束距离为"25mm"，"布尔"选择"无"，单击"确定"按钮完成拉伸，如图 1-13 所示。

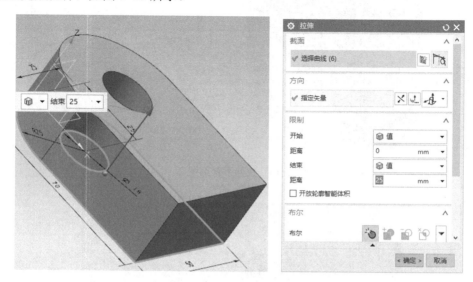

图 1-13　手臂草图的拉伸 1

（3）创建草图（第2部分）

选择菜单栏的"插入"→"在任务环境中绘制草图"命令，选择 X-Z 平面为草图平面，绘制如图 1-14 所示的草图。绘制完成后，单击"完成"按钮，退出草图工作区。

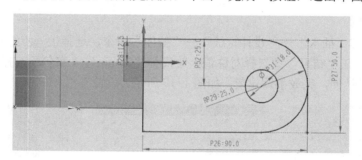

图 1-14　创建手臂草图 2

（4）拉伸草图（第2部分）

选择菜单栏的"插入"→"设计特征"→"拉伸"命令，选择上一步绘制的草图，指定的矢量为 Y 轴，在"结束"中选择"对称值"，距离为"25mm"，"布尔"选择"求和"，单击"确定"按钮完成拉伸，如图 1-15 所示。

（5）创建草图（第3部分）

选择菜单栏的"插入"→"在任务环境中绘制草图"命令，选择 X-Y 平面为草图平面，绘制如图 1-16 所示的草图。绘制完成后，单击"完成"按钮，退出草图环境。

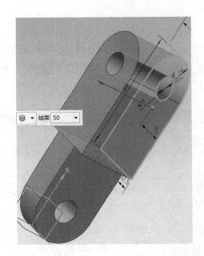

图 1-15   拉伸手臂草图 2

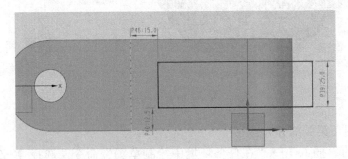

图 1-16   创建手臂草图 3

（6）拉伸草图

选择菜单栏的"插入"→"设计特征"→"拉伸"命令，选择上一步绘制的草图，指定的矢量为 Z 轴，在"结束"中选择对称值，距离为"25mm"，"布尔"选择"求差"，单击"确定"按钮完成拉伸，完成手臂建模，如图 1-17 所示。

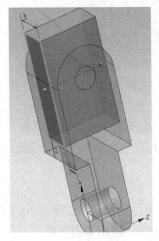

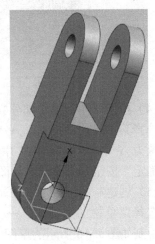

图 1-17   拉伸手臂草图 3

1.1.3 销钉建模

销钉零件图如图 1-18 所示。

（1）创建草图

选择菜单栏的"插入"→"在任务环境中绘制草图"命令，选择 X-Y 平面为草图平面，绘制如图 1-19 所示的草图。圆心为草图原点，圆的直径为 30mm。

码 1-3　销钉建模

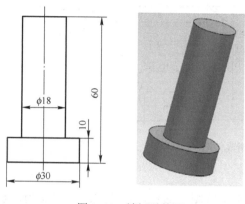

图 1-18　销钉零件图

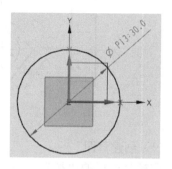

图 1-19　创建销钉草图

（2）拉伸草图

选择菜单栏的"插入"→"设计特征"→"拉伸"命令，选择上一步绘制的草图，指定的矢量为 Z 轴，开始的距离为"0mm"，结束的距离为"10mm"，"布尔"选择"无"，单击"确定"按钮完成拉伸，如图 1-20 所示。

再次单击"拉伸"命令，选择的曲线为图 1-21 箭头所指的直径为 30mm 的圆的边，指定的矢量为 Z 轴，开始的距离为"0mm"，结束的距离为"50mm"，"布尔"选择"求和"，"偏置"选择"单侧"，值为-6，单击"完成"。

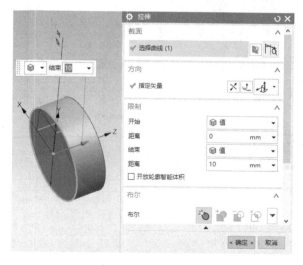

图 1-20　拉伸销钉草图

图 1-21　拉伸销钉草图

1.1.4　手指建模

手指零件图如图 1-22 所示。

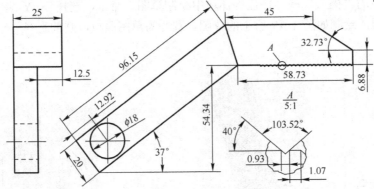

图 1-22　手指零件图

（1）创建草图

选择菜单栏的"插入"→"在任务环境中绘制草图"命令，选择 X-Y 平面为草图平面，绘制如图 1-23a 所示的草图。

（2）拉伸草图

选择菜单栏的"插入"→"设计特征"→"拉伸"命令，选择上一步绘制的草图，指定的矢量为 Z 轴，开始值为"0mm"，结束值为"25mm"，"布尔"选择"无"。单击"确定"按钮，如图 1-23b 所示。

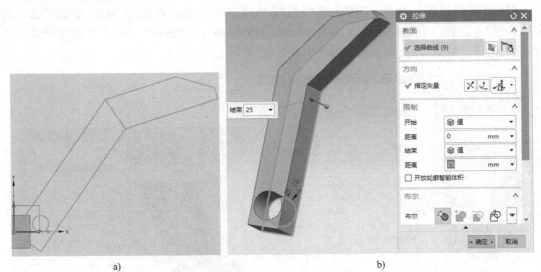

a)　　　　　　　　　　　　　　　　　b)

图 1-23　创建手指草图

a) 创建草图　b) 拉伸草图 1

继续拉伸该草图，先将选择曲线的类型改为"单条曲线"，选择如图 1-24a 所示的曲面，开始的值为"12.5mm"，结束的值为"25mm"，"布尔"选择"求差"，完成后如图 1-24b 所示。

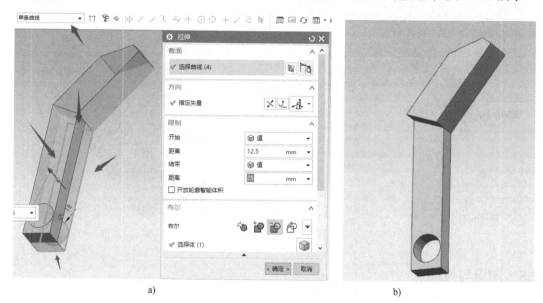

a)   b)

图 1-24   拉伸草图 2

a) 选择草图　b) 拉伸草图 2

再次拉伸图 1-24b 的草图，先将选择曲线的类型改为"单条曲线"，然后单击其后的"在连接处停止按钮" ⊬，如图 1-25 所示，指定的矢量为 Z 轴，开始值为"0mm"，结束值为"25mm"，"布尔"选择"求和"。

图 1-25   拉伸草图 3

（3）阵列曲线

选择菜单栏的"插入"→"设计特征"→"阵列特征"命令，"布局"为线性，单击"指定矢量"，以打开矢量对话框，选择两点之间的类型，点为图 1-26 中箭头所指的两个点，"间距"选择"数量和节距"，"数量"为"25"，节距为"2mm"，如图 1-26 所示。

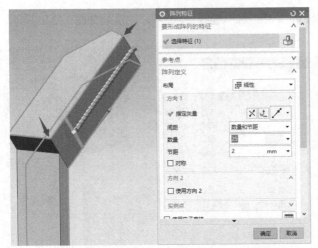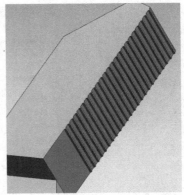

图 1-26　阵列曲线

1.1.5　知识与技能点

（1）"鼠标"命令的应用

1）左键。单击按钮或选择特征时使用鼠标左键。

2）中键（滚轮）。确定操作、放大缩小或移动时使用鼠标中键。

3）右键。在绘图区域中右击，会弹出"右键"菜单；选择特征并右击，系统会弹出相应的操作命令。

4）中键和右键。同时按住鼠标中键和右键，可平移对象。

5）〈Ctrl+左键〉。按住组合键〈Ctrl+左键〉可选择多个对象。

6）〈Shift+左键〉。按住组合键〈Shift+左键〉可以选择多个连续的特征。

（2）背景及模型颜色设置

1）背景设置。在菜单栏中选择→"首选项"→"背景"命令，弹出"编辑背景"对话框。如需要设置背景为"渐变"的状态，则设置"着色视图"为"渐变"，顶部颜色和底部颜色也可进行相应的修改，如图 1-27a 所示。如需将背景设置为单一的颜色，则可设置"着色视图"为"纯色"，并修改"普通颜色"为所需要的颜色即可，如图 1-27b 所示。

a)　　　　　　　　　　　　　　b)

图 1-27　设置背景颜色

2）模型颜色设置。在进行产品设计时，经常需要修改模型的颜色来区分不同零部件的形状和位置关系。在菜单栏中选择"编辑"→"对象显示"命令，弹出"类选择"对话框如图 1-28a 所示；选择要修改颜色的部件或单个曲面，如图 1-28b 所示，接着系统弹出"编辑对象显示"对话框，如图 1-28c 所示；单击"颜色"弹出"颜色"对话框如图 1-28d 所示，选择需要的颜色，完成设置。

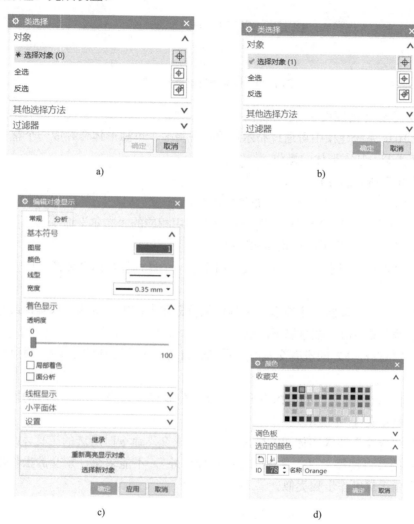

a)   b)

c)   d)

图 1-28　模型颜色设置

UG NX 10.0 系统默认"对象显示"命令的快捷键为组合键〈Ctrl+J〉，需要修改部件颜色时，可按组合键〈Ctrl+J〉系统弹出对话框（如图 1-29a 所示），然后选择要修改的部件即可进行修改颜色操作；如果要修改单个曲面，则需要在选择方式中设置选择类型为"面"（如图 1-29b 所示），接着选择要修改颜色的面，然后单击"确定"，即可完成编辑对象的显示。

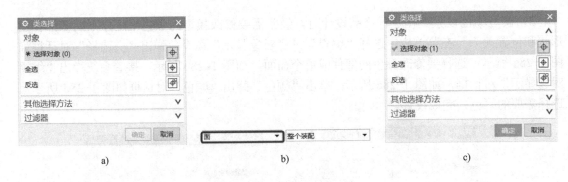

图 1-29　快捷键设置模型颜色

（3）"布尔"命令的应用

UG NX 10.0 系统建模中可通过布尔运算实现将多个单独形体合并成一个整体或将一个复杂形体分解为若干基本形体的操作。

调用"布尔"命令的方式：

1）选择"插入"→"组合"→"布尔"命令。

2）在"特征"工具栏中单击按钮 ，直接调用相应的"布尔"命令。

"布尔运算"中各操作子命令功能如下：

1）求和。"求和"即求实体间的合集，用于将一个目标体与两个或两个以上工具体结合起来。

2）求差。"求差"即将一个或多个工具体从目标体中挖出，也就是求实体或片体间的差集。使用"求差"命令时应注意以下两点。

① 工具体与目标体之间没有交集时，系统会自动提示"工具体完全在目标体外"，不能求差。

② 工具体与目标体之间的边缘重合时，将产生零厚度边缘，系统会自动提示"刀具和目标未形成完整相交"，不能求差。

3）求交。"求交"即求实体间的交集。使用"求交"命令时所选的工具体必须与目标体相交，否则系统会自动提示"工具体完全在目标体外"，不能求交。求交的操作步骤与上面介绍的几种布尔运算操作步骤类似。

1.2　机械臂二维图绘制

1.2.1　绘制底座工程图

选择"应用模块"图标按钮 应用模块 →"制图"图标按钮 ，再选择"新建图纸页"命令，在"图纸页"对话框中选择"标准尺寸"，"大小"为"A4"，"比例"为"1∶1"，单击"确定"按钮，如图 1-30 所示。

图 1-30　图纸页设置

选择"插入"→"视图"→"基本视图"，视图方向选择"前视图"，如图 1-31 所示，单击"下一步"，选中箭头所指的布局方式，然后将光标移到空白处，单击进行放置。

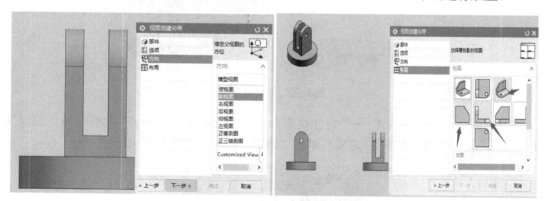

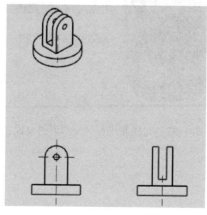

图 1-31　底座投影视图

1.2.2　绘制其他部件

其他部件二维图的绘制过程同 1.2.1 小节介绍的一样，此处略。

码 1-5　机械臂装配

1.3　机械臂整体结构装配

1.3.1　绝对原点和装配约束的设置

选择"装配"→"组件"→"添加组件"命令，用"打开"按钮图标 进行底座的添加，"定位"为"绝对原点"，如图 1-32 所示。

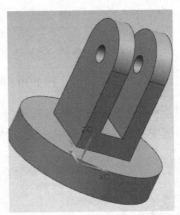

图 1-32　添加底座

选择"插入"→"装配"→"组件位置"→"装配约束"命令，"类型"为"固定"，"要约束的几何体"为"底座"，完成后单击"确定"按钮，如图 1-33 所示。

图 1-33　对底座进行装配约束的设置

1.3.2　装配

（1）手臂装配

选择"添加组件"命令以添加手臂，定位为"通过约束"，单击"确定"按钮，如图 1-34 所示。

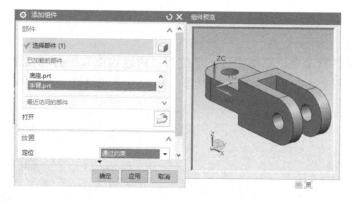

图 1-34　添加手臂

选择的装配约束"类型"为"同心"，选择的对象为图 1-35 中箭头所指的两个圆，完成后单击"确定"按钮，如图 1-35 所示。

图 1-35　手臂装配约束的设置 1

完成上面的操作后会出现如图 1-36a 所示的效果，单击图 1-36 中箭头所指的命令，然后单击"应用"按钮，装配完成，如图 1-36b 所示。

a)　　　　　　　　　　　　　　　　　　　　　　b)

图 1-36　手臂装配约束的设置 2

a) 同心　b) 同心

（2）销钉装配

选择"添加组件"命令以添加销钉，定位为"通过约束"，选择的装配约束"类型"为"同心"，操作过程同上面的手臂装配。继续添加相应手臂和销钉，得到如图 1-37 所示的装配图。

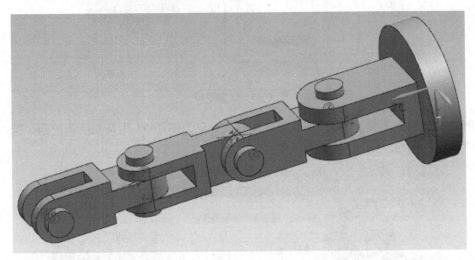

图 1-37　销钉和手臂的装配图

（3）手指装配

选择"添加组件"命令以添加手指，"定位"为"通过约束"，单击"确定"按钮，装配"类型"为"同心"，选择图 1-38 中箭头所指的两个圆，完成设置，如图 1-38 所示；用同样的操作方法完成另一手指的装配。

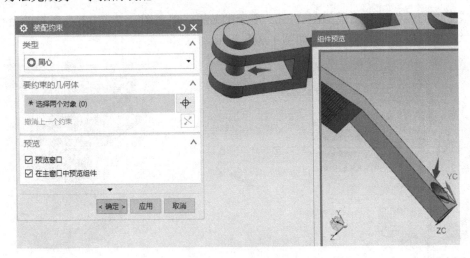

图 1-38　手指装配约束

选择"装配"→"组件位置"→"移动组件"命令，在"移动组件"对话框中选择的组件为刚刚添加的两个手指，选择的"运动"为角度，指定的矢量为 Y 轴，指定的轴点为

20

图 1-39 中箭头所指的圆心，角度为-90°，单击"确定"按钮。

图 1-39　手指移动部件

项目2 通用气动机械手的建模与装配

【项目内容】

面向数字化、智能化工作场景，在实践中探索并形成现场工程师培养标准，培养一大批具备工匠精神、精操作、懂工艺、善协作、能创新的现场工程师，是实现我国工业现代化的重要保障。

本项目将介绍如何运用 UG NX 10.0 软件完成一个通用气动机械手的三维建模，使读者熟悉 UG NX 10.0 软件的操作界面，掌握 UG NX 10.0 软件下特征建模的理念及一般操作步骤。通过该项目的学习，使读者全面、系统的理解建模、装配的完整过程，理解通用气动机械手的工作过程。

【项目目标】

1）学会进入草图界面并绘制曲线。

2）学会选择合适的草图平面以创建草图。

3）掌握绘制草图常用的基本命令。

4）掌握绘制草图的基本方法和技巧。

5）学会根据模型的形状绘制外形轮廓。

6）掌握建模的常用功能指令如"拉伸"、"旋转"、"扫略"等。

2.1 机械手图纸分析

通用气动机械手为齿条齿轮式结构，其结构装配图如图 2-1 所示。机械手部件主要有夹紧缸体 1、活塞 2、压缩弹簧 3、端盖 4、扇形齿轮 5、调整垫铁 6、手指 7、带轴齿轮 8、齿条活塞杆 9、轴 10 和盖板 11 等，其零件图如图 2-2 所示。当压缩空气经手臂伸缩气缸内的伸缩气管和夹紧缸的孔洞进入到右腔时，会推动齿条活塞杆移动，经齿轮传动带动手指夹紧工件，手指松开是靠弹簧复位使齿条活塞杆退回而实现。

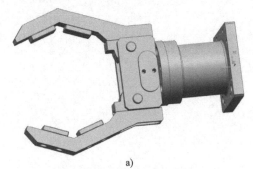

a)

图 2-1　通用气动机械手装配图

a) 实体图

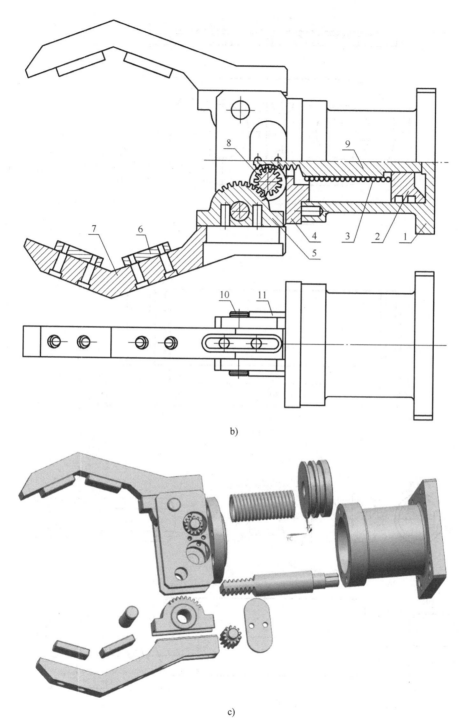

b)

c)

图 2-1　通用气动机械手装配图（续）

b) 二维图　c) 爆炸图

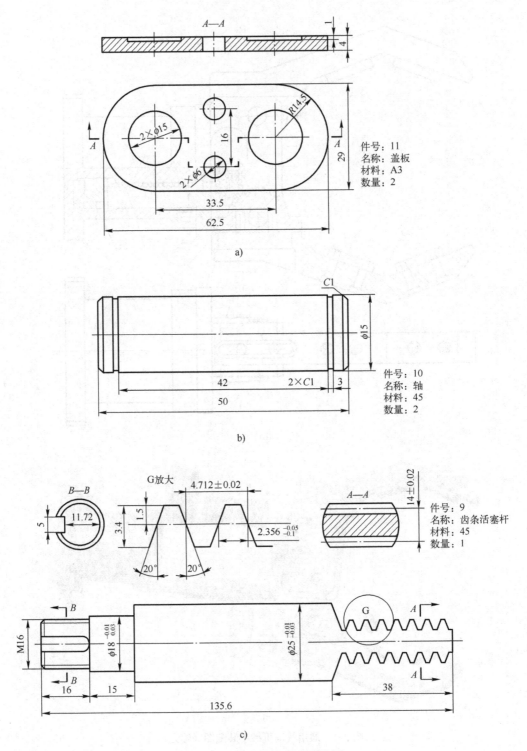

件号：11
名称：盖板
材料：A3
数量：2

a)

件号：10
名称：轴
材料：45
数量：2

b)

件号：9
名称：齿条活塞杆
材料：45
数量：1

c)

图 2-2　通用气动机械手零件图

a) 件 11　b) 件 10　c) 件 9

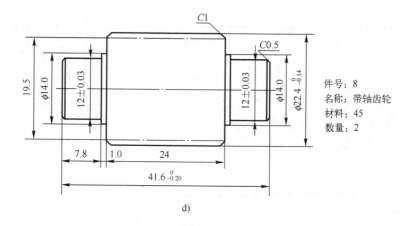

d)

件号：8
名称：带轴齿轮
材料：45
数量：2

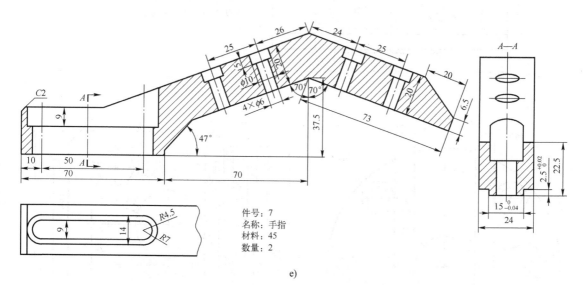

件号：7
名称：手指
材料：45
数量：2

e)

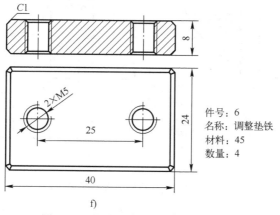

件号：6
名称：调整垫铁
材料：45
数量：4

f)

图 2-2　通用气动机械手零件图（续）

d) 件 8　e) 件 7　f) 件 6

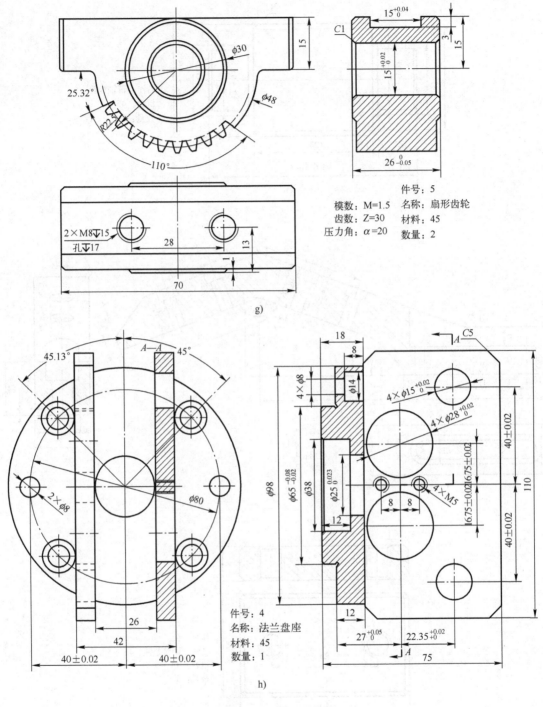

图 2-2 通用气动机械手零件图（续）

g) 件5　h) 件4

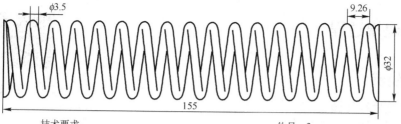

技术要求：
1. 旋向为右旋；
2. 有效圈数为15圈；
3. 总圈数为18圈；
4. 250~350℃回火处理。

件号：3
名称：弹簧
材料：碳素弹簧钢丝
数量：1

i)

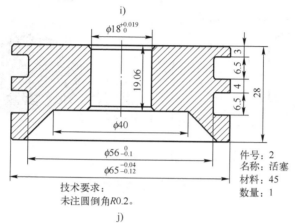

技术要求：
未注圆倒角R0.2。

件号：2
名称：活塞
材料：45
数量：1

j)

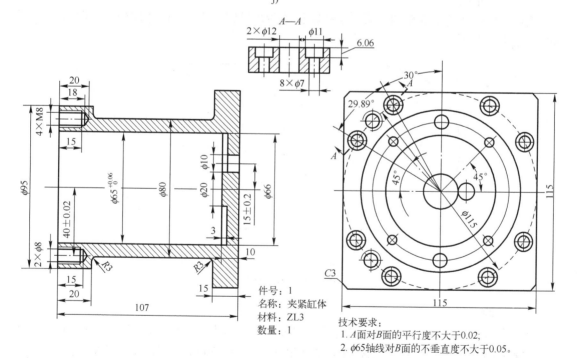

件号：1
名称：夹紧缸体
材料：ZL3
数量：1

技术要求：
1. A面对B面的平行度不大于0.02；
2. φ65轴线对B面的不垂直度不大于0.05。

k)

图2-2　通用气动机械手零件图（续）

i) 件3　j) 件2　k) 件1

2.2 部件建模过程

2.2.1 盖板建模

（1）打开盖板零件图

盖板零件图如图 2-3 所示。

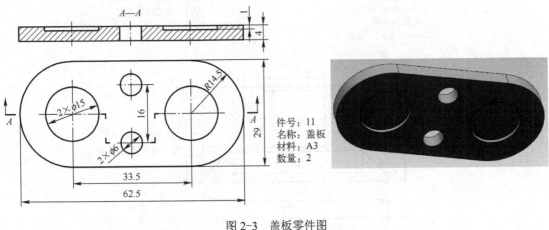

图 2-3　盖板零件图

件号：11
名称：盖板
材料：A3
数量：2

（2）创建草图

选择在任务环境中的草图，采用系统默认的参数设置，将 X-Y 平面作为草图平面，创建的草图如图 2-4 所示。

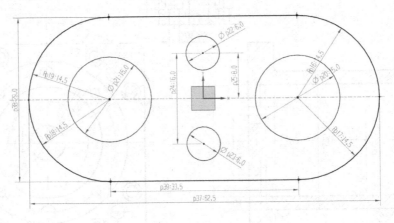

图 2-4　盖板草图

（3）拉伸

现对图 2-4 的草图进行拉伸。选择除了里面两个直径为 15mm 圆的所有曲线，第一次拉伸后效果如图 2-5 所示。第 2 次拉伸时选择里面直径为 15mm 的圆，拉伸效果如图 2-6 所示，则盖板建模完成。

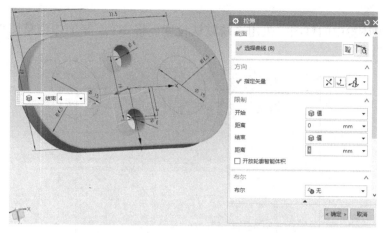

图 2-5　盖板第 1 次拉伸后效果

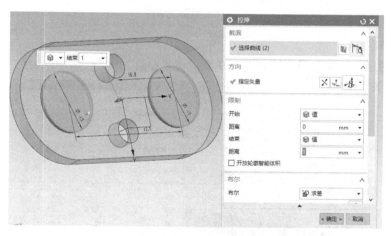

图 2-6　盖板第 2 次拉伸

2.2.2　调整垫铁建模

（1）打开调整垫铁零件图

调整垫铁零件图如图 2-7 所示。

码 2-2　调整垫铁建模

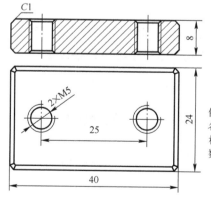

件号：6
名称：调整垫铁
材料：45
数量：4

图 2-7　调整垫铁零件图

（2）创建草图

选择在任务环境中的草图，采用系统默认设置，将 X-Y 平面作为草图平面，绘制如图 2-8 所示的草图。

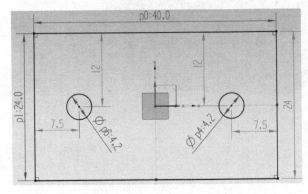

图 2-8　调整垫铁草图

（3）拉伸草图

绘制完草图后，拉伸草图，按如图 2-9 所示设置参数。

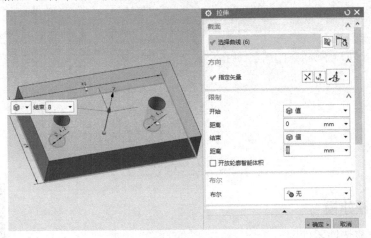

图 2-9　调整垫铁草图的拉伸

（4）倒角

对此长方体每个边都进行倒角，倒斜角，距离为 1mm，其效果如图 2-10 所示。

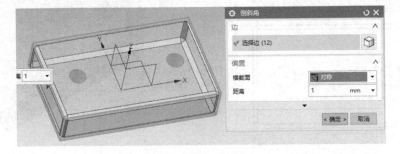

图 2-10　对调整垫铁倒斜角

（5）绘制螺纹

选择"菜单"→"插入"→"设计特征"→"螺纹"命令，选择中间的两个孔，按照图 2-11 所示设置参数，绘制螺纹完成。

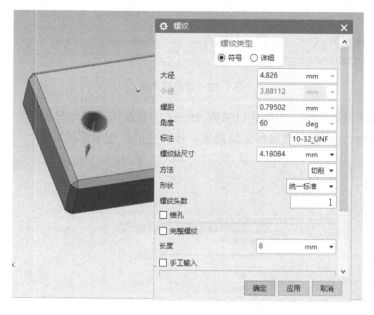

图 2-11　调整垫铁绘螺纹

（6）倒角

给两个螺纹孔倒斜角，距离为 1mm，此时调整垫铁建模完成。

2.2.3　轴建模

（1）打开轴零件图

轴零件图如图 2-12 所示

码 2-3　轴建模

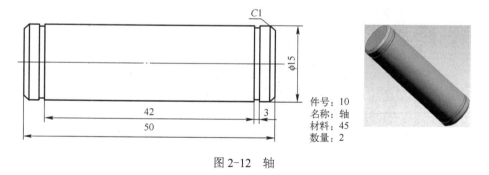

件号：10
名称：轴
材料：45
数量：2

图 2-12　轴

（2）创建草图

选择在任务环境中的草图，采用系统默认设置，将 X-Y 平面作为草图平面，绘制如图 2-13 所示草图。

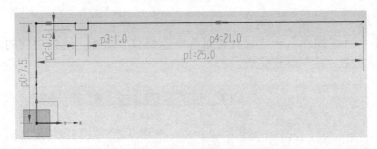

图 2-13　创建轴草图

在草图里选择镜像曲线，中心先以长度 25mm 的直线的端点为起点竖直向下画一根辅助线，如图 2-14 所示，镜像完成后删去辅助线。操作完成后退出草图环境。

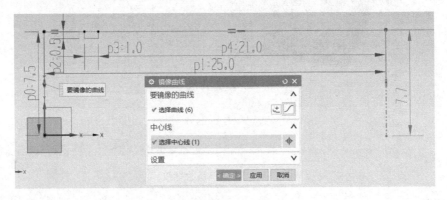

图 2-14　绘制轴镜像直线

（3）旋转草图

选择"菜单"→"插入"→"设计特征"→"旋转"命令，矢量为 X 轴，点为原点，旋转图 2-14 所示镜像后的草图，如图 2-15 所示。

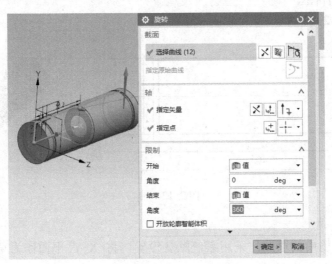

图 2-15　旋转后的轴建模

（4）倒斜角

将轴两端倒斜角，距离为 1mm，此时轴的建模完成。

2.2.4 带轴齿轮建模

（1）打开带轴齿轮零件图

带轴齿轮零件图如图 2-16 所示。

（2）绘制带轴齿轮草图

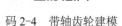

码 2-4 带轴齿轮建模

选择菜单栏的"GC 工具箱"→"齿轮建模"→"柱齿轮"命令，创建齿轮，单击两次"确定"按钮，出现如图 2-17 所示的对话框，输入参数，齿轮名称为字母加数字的组合方式。

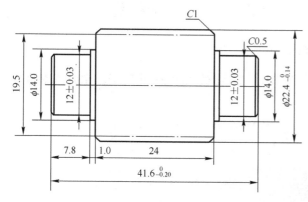

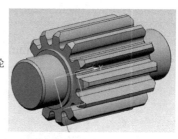

件号：8
名称：带轴齿轮
材料：45
数量：2

图 2-16 带轴齿轮

（3）创建草图

以齿轮面剖面为草图平面绘制草图，如图 2-18 所示。

图 2-17 柱齿轮图

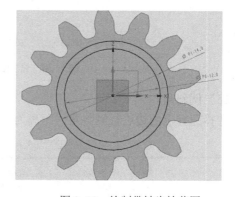

图 2-18 绘制带轴齿轮草图

（4）拉伸草图

先选择直径为 12mm 的圆，矢量为 Y 轴，输入参数如图 2-19 所示，完成草图的第一次拉伸。

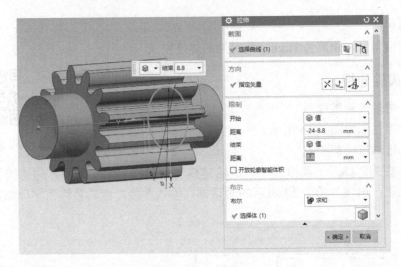

图 2-19　带轴齿轮草图的第一次拉伸

选择曲线为直径为 14mm 的圆，矢量为 Y 轴，输入参数如图 2-20 所示，完成草图的第二次拉伸。

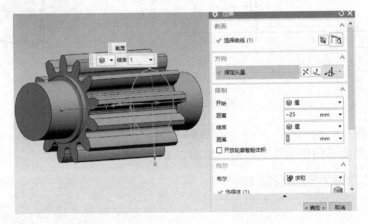

图 2-20　带轴齿轮草图的第二次拉伸

（5）倒斜角

选择圆柱上的边进行倒斜角，距离为 1mm，如图 2-21 所示，此时带轴齿轮建模完成。

图 2-21　对带轴齿轮倒斜角

2.2.5 活塞建模

（1）打开活塞零件图

活塞零件图如图 2-22 所示。

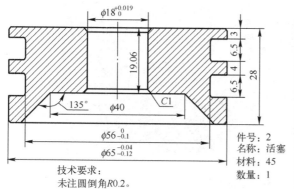

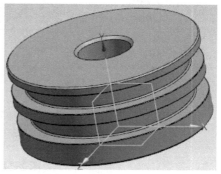

图 2-22　活塞零件图

（2）创建草图

选择在任务环境中的草图，采用系统默认设置将 X-Y 平面作为草图平面，绘制如图 2-23 所示的草图，完成后退出草图环境。

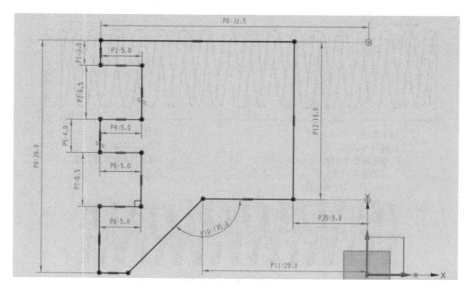

图 2-23　活塞草图

（3）对草图进行旋转

选择菜单栏的"插入"→"设计特征"→"旋转"命令，矢量为 Y 轴，点为原点，得到将草图旋转后的活塞，如图 2-24 所示。

（4）倒角

对图形外部倒斜角，距离为 0.5mm；中间斜角距离为 1mm；对图形凹槽倒圆角，半径 0.5mm，此时活塞建模完成。

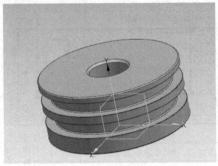

图 2-24　旋转后的活塞建模

2.2.6　弹簧建模

（1）打开弹簧零件草图

弹簧零件图如图 2-25 所示。

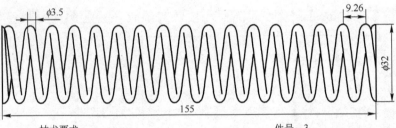

技术要求：
1. 旋向为右旋；
2. 有效圈数为15圈；
3. 总圈数为18圈；
4. 250～350℃回火处理。

件号：3
名称：弹簧
材料：碳素弹簧钢丝
数量：1

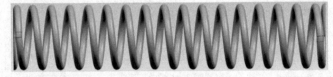

图 2-25　弹簧零件图

（2）创建弹簧草图

选择菜单栏→"GC 工具箱"→"弹簧设计"→"圆柱压缩弹簧"命令，输入参数后，单击"下一步"按钮，如图 2-26 所示。此时弹簧建模完成。

2.2.7　夹紧缸体建模

（1）打开夹紧缸体零件图

夹紧缸体零件图如图 2-27 所示。

图 2-26 弹簧草图参数设置

码 2-7 夹紧缸体建模（1）

码 2-8 夹紧缸体建模（2）

码 2-9 夹紧缸体建模（3）

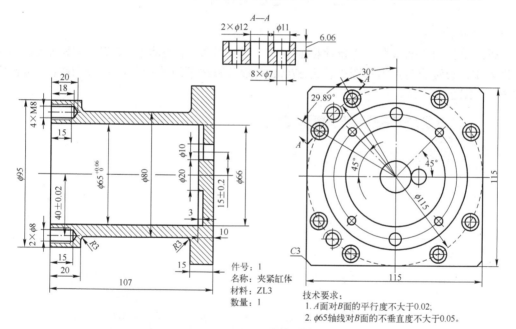

件号：1
名称：夹紧缸体
材料：ZL3
数量：1

技术要求：
1. A面对B面的平行度不大于0.02；
2. φ65轴线对B面的不垂直度不大于0.05。

图 2-27 夹紧缸体零件图

（2）创建草图

选择在任务环境中的草图，采用系统默认设置，将 X-Y 平面作为草图平面，绘制如图 2-28 所示草图，完成后退出草图环境。

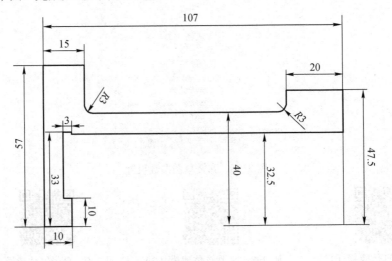

图 2-28　创建夹紧缸体草图 1

（3）旋转草图 1

选择菜单栏的"插入"→"设计特征"→"旋转"命令，选择图 2-28 草图曲线，指定矢量为 Z 轴，设置旋转点为草图中长为 57mm 的那条直线下边的端点，单击"确定"按钮完成旋转，如图 2-29 所示。

图 2-29　旋转后得到夹紧缸体

（4）再次创建草图

选择在任务环境中的草图，采用系统默认设置，将实体底面作为草图平面，进入草图环境，绘制如图 2-30 所示的草图，完成后退出草图环境。

（5）拉伸草图 2

选择菜单栏的"插入"→"设计特征"→"拉伸"命令，单击图 2-30 所画的草图，指定矢量为 Y 轴，距离为"15mm"，"布尔"为"求和"运算，完成拉伸，如图 2-31 所示。

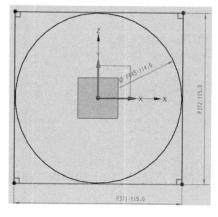 

图 2-30　创建夹紧缸体草图 2　　　　图 2-31　对夹紧缸体草图 2 进行拉伸 1

（6）创建点

选择菜单栏的"插入"→"基准"→"点"命令，进入"点"对话框后输入点的坐标，如图 2-32 所示，完成后单击"确定"按钮。

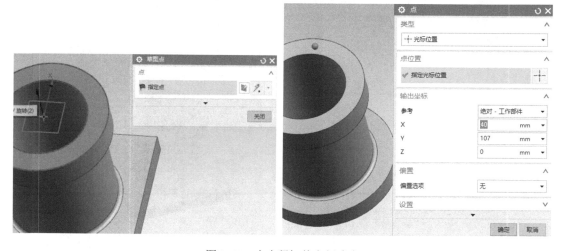

图 2-32　在夹紧缸体上创建点

（7）对点进行阵列

选择菜单栏"插入"→"关联复制"→"阵列特征"命令，选择刚刚创建的点，布局为圆形，指定矢量为 Y 轴，指定点为圆柱的中心点，创建 8 个点，如图 2-33 所示。

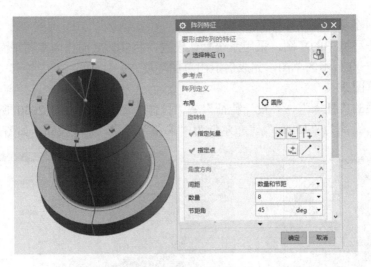

图 2-33 对夹紧缸体阵列点

（8）打孔 1

选择菜单栏的"插入"→"设计特征"→"孔"命令，指定点是 X 轴上的两点，根据图 2-34a 所示进行设置，完成后效果如图 2-34 所示。

a)

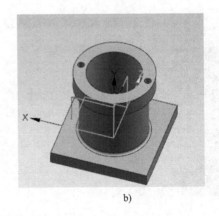

b)

图 2-34 对夹紧缸体打孔 1

重新选择打孔命令，如图 2-35 所示，孔的位置为前一个孔的两边，共 4 个，设置好后单击"确定"按钮，完成后效果如图 2-35 中工作区所示。

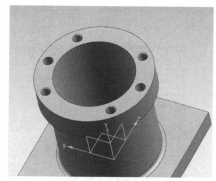

图 2-35　对夹紧缸体打孔 2

再次创建草图，以底面为草图平面，如图 2-36 所示，大圆直径为 115mm，小圆直径为 12mm，另外在大圆圆周的 30°和 60°方向上各创建一个点，完成后退出草图环境。单击"拉伸"命令后，选择直径为 12mm 的圆，指定矢量为 Y 轴，如图 2-37 所示。

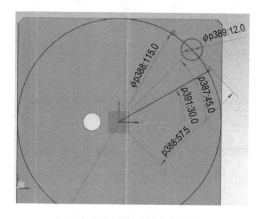

图 2-36　创建夹紧缸体草图 3

图 2-37　对夹紧缸体草图 3 进行拉伸 2

（9）对上一步的拉伸进行镜像

选择菜单栏的"插入"→"关联复制"→"镜像特征"命令，选择的特征为上一步的拉伸，平面为现有平面（X-Y 平面），如图 2-38 所示。

（10）打孔 3

选择上一步草图里的点，按图 2-39 所示设置后，单击"完成"按钮。

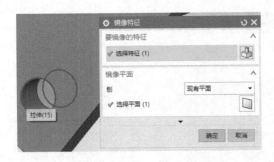

图 2-38 夹紧缸体镜像

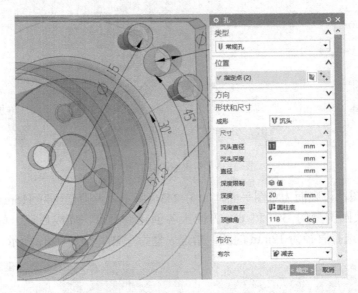

图 2-39 对夹紧缸体打孔 3

（11）对孔进行阵列

选择菜单栏的"插入"→"关联复制"→"阵列特征"命令，选择上面刚刚打的两个孔，按图 2-40 所示设置，"指定矢量"为 Y 轴，阵列点为物体中心点。

图 2-40 夹紧缸体阵列

（12）拉伸 3

选择菜单栏的"插入"→"设计特征"→"拉伸"命令，在选择曲线的时候单击所需拉伸的面可进入草图工作区，然后绘制草图，如图 2-41 所示。

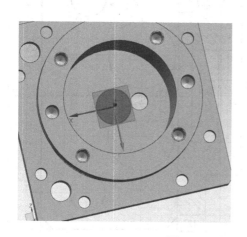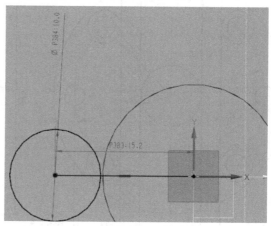

图 2-41　夹紧缸体中所需面进行拉伸 3

如图 2-42 所示设置参数，矢量为 Y 轴负方向。

（13）倒角

选择菜单栏的"插入"→"细节特征"→"倒斜角"命令，选择 4 个直角边，如图 2-43 所示进行参数设置。

图 2-42　对夹紧缸体拉伸的参数设置拉伸 4　　　图 2-43　对夹紧缸体的正方形端面倒角

2.2.8　法兰盘座建模

（1）打开法兰盘座零件图

法兰盘座零件图如图 2-44 所示。

码 2-10　法兰盘座建模（1）　　码 2-11　法兰盘座建模（2）

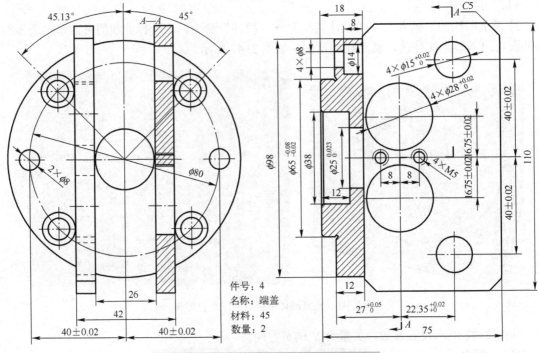

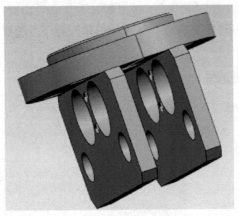

图 2-44 法兰盘座零件图

（2）创建草图 1

选择在任务环境中的草图，采用系统默认设置，将 Y-Z 平面为草图平面，绘制如图 2-45 所示的草图。

（3）对草图 1 旋转

指定矢量为 Z 轴，指定点为原点，如图 2-46 所示设置参数。

（4）创建点

以旋转后的平面为草图 2，进入"点"对话框进行创建点的设置，如图 2-47 所示。

（5）对点进行阵列

选择菜单栏"插入"→"关联复制"→"阵列特征"命令，选择的特征为上一步创建的点，指定矢量为 Z 轴，指定点为原点，如图 2-48 所示。

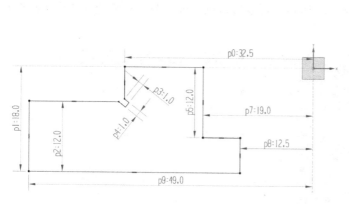

图 2-45 创建法兰盘座草图 1

图 2-46 对草图 1 进行旋转设置

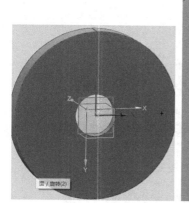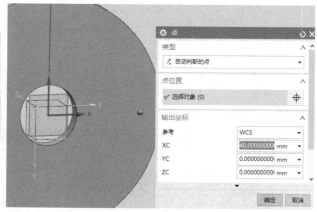

图 2-47 创建草图 2 上的点

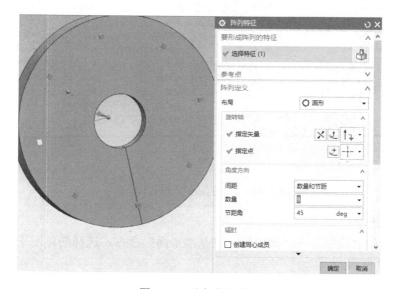

图 2-48 对点进行阵列

（6）对阵列后的点进行打孔 1

选择 X 轴上的两个点，按图 2-49a 所示进行设置，然后选择两个孔旁边的 4 个点继续打孔，按图 2-49b 所示设置参数。

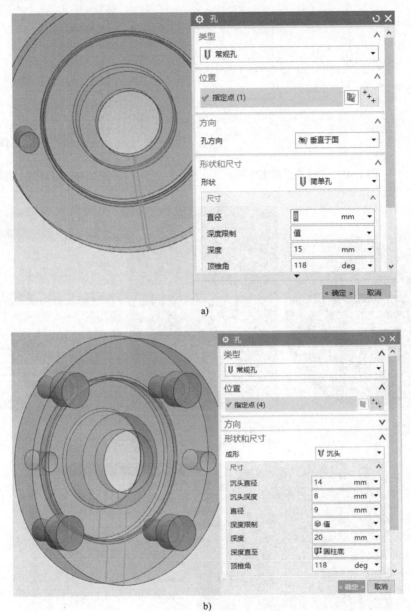

图 2-49　对陈列后的点进行打孔 1

（7）创建基准平面

选择菜单栏的"插入"→"基准"→"基准平面"命令，选择的草图平面对象为 Y-Z 平面，如图 2-50 所示。

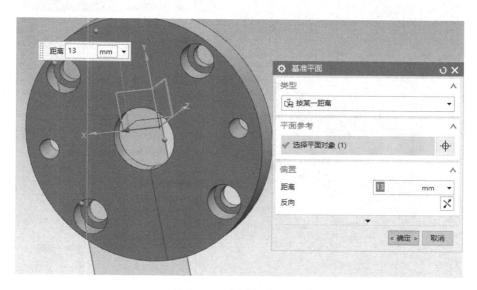

图 2-50　创建基准平面

（8）创建草图 3

以创建的基准平面为草图平面 3，进入草图环境后绘制如图 2-51 所示的草图，箭头所指的为两个点。

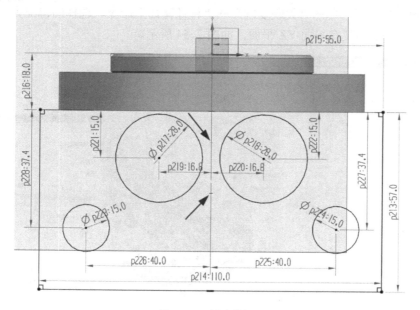

图 2-51　创建草图 3

（9）对草图 3 进行拉伸

选择上一步所画的草图，按图 2-52b 所示设置进行拉伸，指定矢量为 X 轴，"布尔"选择"无"。

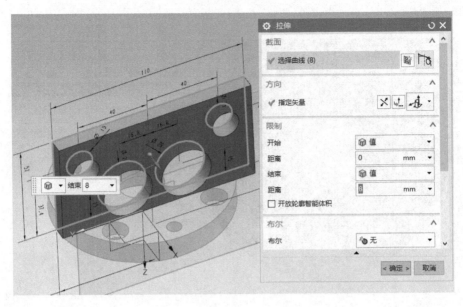

图 2-52　对草图 3 进行拉伸

（10）对点进行打孔 2

选择上一步图 2-51 的草图中绘制的两个点，如图 2-53 所示设置参数。

（11）镜像

选择菜单栏的"插入"→"关联复制"→"镜像特征"命令，选择的特征为拉伸体和螺纹孔特征，草图平面为现有平面 YZ 平面，如图 2-54 所示。

图 2-53　对点进行打孔 2

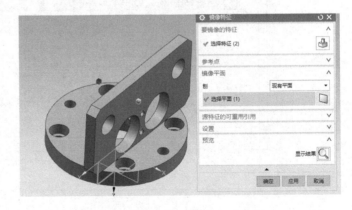

图 2-54　镜像

（12）求和

选择菜单栏"插入"→"组合"→"合并"命令，将 3 个基本体合并成一个组合体，3 个基本体中随便选一个当目标体，另外两个当工具体，则建模完成，如图 2-55 所示。

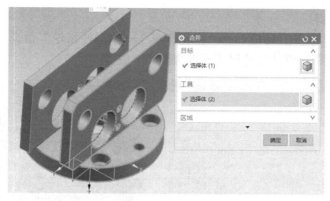

图 2-55　对基本体求和

2.2.9　扇形齿轮建模

（1）打开扇形齿轮零件图

扇形齿轮零件图如图 2-56 所示。

码 2-12　扇形齿轮建模（1）

码 2-13　扇形齿轮建模（2）

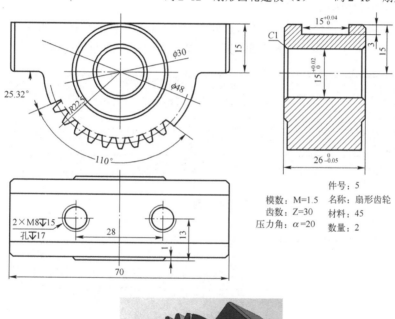

件号：5

模数：M=1.5　名称：扇形齿轮

齿数：Z=30　材料：45

压力角：α=20　数量：2

图 2-56　扇形齿轮零件图

（2）绘制圆柱齿轮

选择菜单栏的"GC 工具箱"→"齿轮建模"→"圆柱齿轮"命令，设置参数，单击"确定"按钮生成如图 2-57 中工作区所示的齿轮。

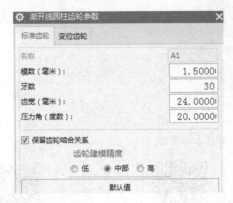

图 2-57　圆柱齿轮

（3）绘制草图并拉伸

进入草图环境，创建合适的平面作为草图，画出需要拉伸的草图，如图 2-58 所示。然后再通过"拉伸"命令，进行如图 2-59 设置，单击"确定"按钮可完成拉伸。

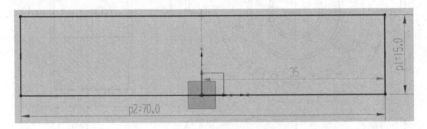

图 2-58　创建草图 1

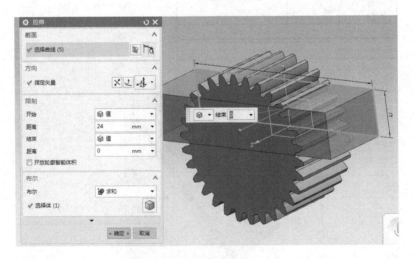

图 2-59　拉伸 1

进入草图环境，创建合适平面作为草图平面，画出需要拉伸的草图。然后通过"拉伸"命令，进行如图 2-60 所示设置参数，单击"确定"参数可完成拉伸。

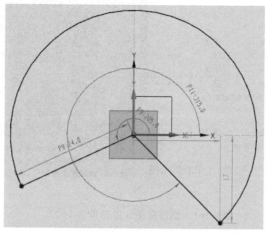

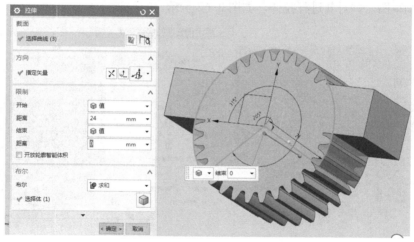

图 2-60　创建草图 2 并拉伸 2

创建如图 2-61 所示的草图，并对其进行拉伸，如图 2-61 所示。

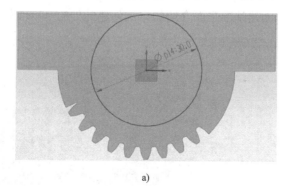

a)

图 2-61　创建草图 3 并拉伸 3

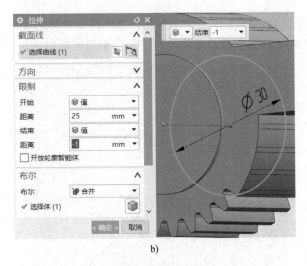

b)

图 2-61　创建草图 3 并拉伸 3（续）

再次绘制草图，并对其进行拉伸，如图 2-62 所示。

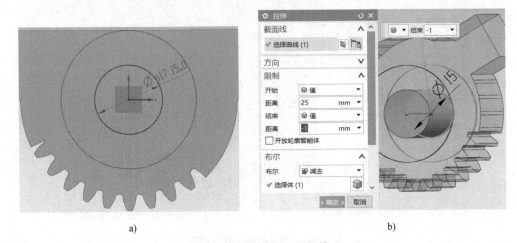

a)　　　　　　　　　　　　　　　　　b)

图 2-62　创建草图 4 并拉伸 4

（4）创建基准平面

采用 2.2.8 小节（7）创建基准平面介绍的方法创建此处的基准面如图 2-63 所示。

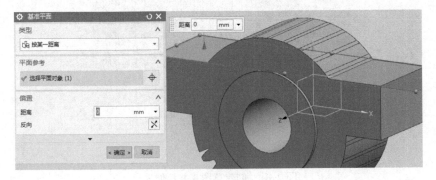

图 2-63　创建基准平面

（5）拆分并删除体

选择菜单栏的"插入"→"修剪"→"拆分体"命令，如图 2-64 所示找到拆分体并对其进行拆分。再进行删除体的操作，如图 2-65 所示。

图 2-64　拆分体

图 2-65　删除体

在如图 2-66 所示位置创建草图 4。

图 2-66　创建草图 4

对该草图进行拉伸，如图 2-67 所示设置参数，单击"确定"按钮可完成拉伸。

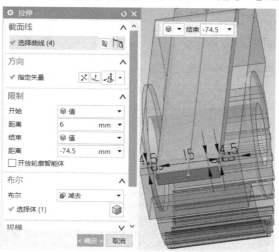

图 2-67　对草图 4 进行拉伸 4

创建如图 2-68 所示的草图，根据螺纹大小画出合适的圆。然后通过"拉伸"命令，进行如图 2-68 所示的参数设置，单击"确定"按钮可完成拉伸。

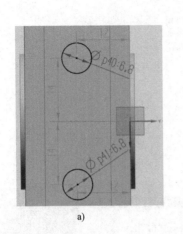
a)

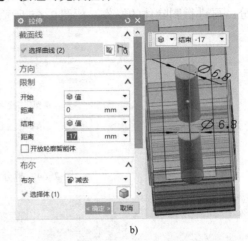
b)

图 2-68　草图 5 的绘制并拉伸 5

（6）倒斜角

进行倒斜角的设置如图 2-69 所示。

图 2-69　倒斜角设置

进行倒圆角的设置如图 2-70 所示。

图 2-70　倒圆角设置

（7）创建螺纹

利用"螺纹"命令进行如图 2-71 所示设置，此时扇形齿轮的建模完成。

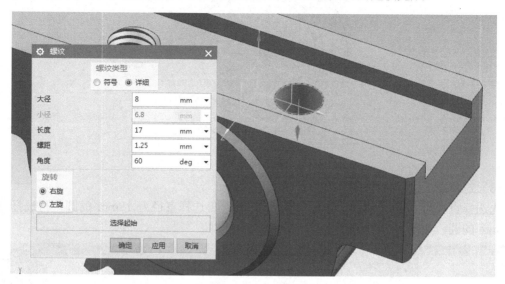

图 2-71　创建螺纹

2.2.10　齿条活塞杆建模

（1）打开齿条活塞杆零件图

齿条活塞杆零件图如图 2-72 所示。

码 2-14　齿条活塞杆建模（1）码 2-15　齿条活塞杆建模（2）

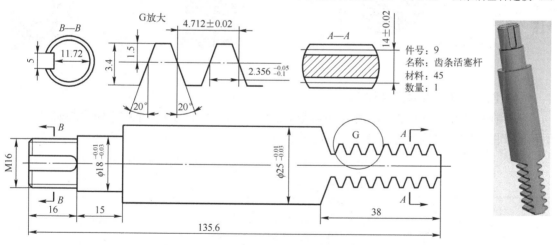

图 2-72　齿条活塞杆零件图

（2）创建草图 1

选择在任务环境中的草图，采用系统默认设置，将 X-Y 平面为草图平面，绘制如图 2-73 所示草图。

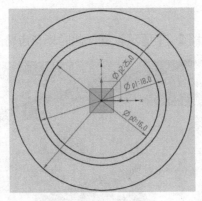

图 2-73　创建草图 1

（3）对草图 1 进行拉伸 1

先选择直径为 16mm 的圆，指定矢量为 Y 轴；再选择直径为 18mm 的圆；再选择直径为 25mm 的圆，如图 2-74 所示。

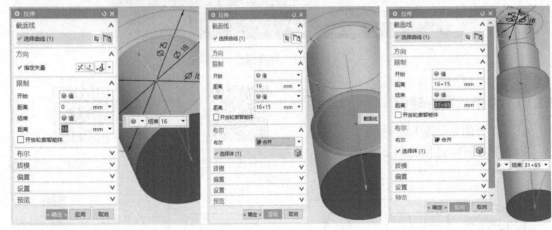

图 2-74　对草图 1 进行拉伸 1

（4）创建草图 2 并对其拉伸 2

选择在任务环境中的草图，采用系统默认设置，将 X-Z 平面作为草图平面绘制如图 2-75 所示的草图。放置的位置为直径为 25mm 的柱子。

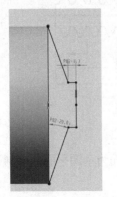
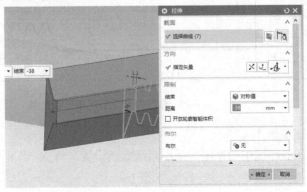

图 2-75　创建草图 2 并对其拉伸 2

选择该草图曲线，指定矢量为 Y 轴，如图 2-75 所示进行设置。

（5）创建草图 3 并对其拉伸 3

选择在任务环境中的草图，采用系统默认设置，将 X-Z 平面作为草图平面绘制如图 2-76
所示草图；绘制好后选择草图里的阵列曲线对其进行阵列，如图 2-76 所示。然后选择草图
里的镜像曲线，如图 2-76 所示指定中心线为 Z 轴后对其进行镜像。然后把两端连起来，对
其进行拉伸，如图 2-77 所示。

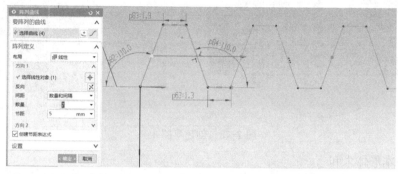

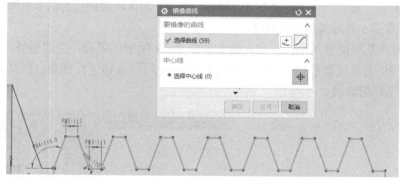

图 2-76　创建草图 3

图 2-77　对草图 3 进行拉伸 3

（6）创建草图 4

以如图 2-78 所示的平面作为草图平面，画一个直径为 25mm 的圆，对其进行拉伸，指

定矢量为 Z 轴，延伸的部分为直径为 25mm 的圆柱体，如图 2-78 所示。

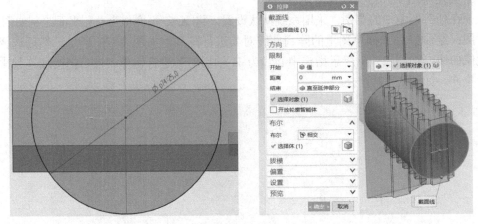

图 2-78　创建草图 4

（7）对基本形体求和

选择菜单栏的"插入"→"组合"→"合并"命令，将 3 次拉伸后的基本形体进行合并。

（8）创建草图 5 并对其进行拉伸 4

以 X-Z 面为基准面进入草图环境，绘制如图 2-79 所示的草图；完成后进入"拉伸"对话框，如图 2-80 所示设置参数。最后对直径为 16mm 的圆柱体进行倒角，距离为 1mm，此时完成齿条活塞杆的建模。

图 2-79　创建草图 5

图 2-80　对草图 5 进行拉伸 4

2.2.11　手指建模

（1）打开手指的零件图

手指零件图如图 2-81 所示。

码 2-16　手指
建模（1）

码 2-17　手指
建模（2）

码 2-18　手指
建模（3）

码 2-19　手指
建模（4）

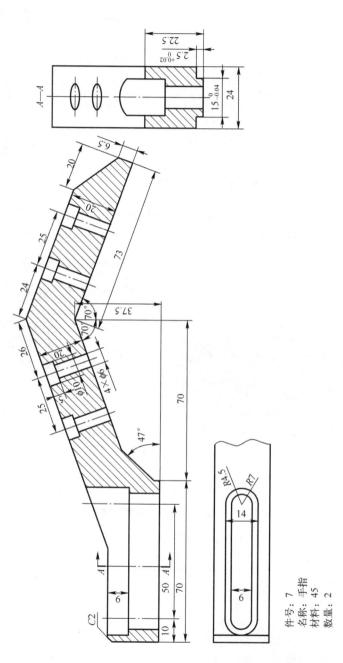

图2-81 手指零件图

件号：7
名称：手指
材料：45
数量：2

（2）绘制草图 1 并拉伸 1

选择在任务环境中的草图，采用系统默认设置，将 X-Y 平面作为草图平面绘制如图 2-82
所示的草图。

图 2-82　创建草图 1 并拉伸 1

以 X-Y 平面为草图平面创建草图，绘制如图 2-83 所示的草图，完成后对其拉伸，如
图 2-83 所示设置参数，指定矢量为 Y 轴。

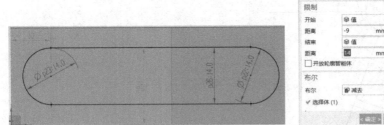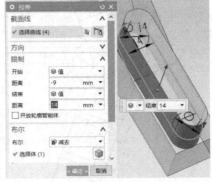

图 2-83　创建草图 2 并拉伸 2

对上一步绘制的草图再次使用"拉伸"命令，如图 2-84 所示设置参数。

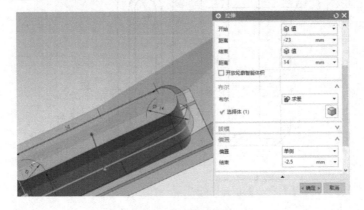

图 2-84　对草图 2 进行拉伸 3

选择在任务环境中的草图，采用系统默认设置，将 Y-Z 平面作为草图平面绘制草图，然后对其拉伸，如图 2-85 所示。

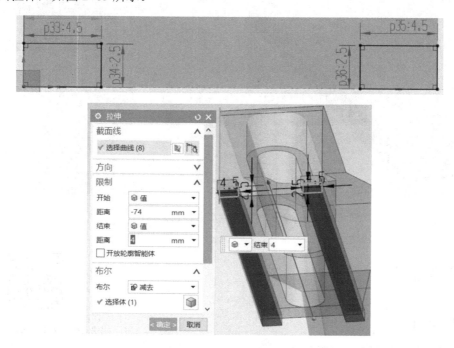

图 2-85　创建草图 3 并对其拉伸 4

（3）创建点和打孔

在 X-Y 平面绘制草图，再绘制出两个点，并对其进行打孔，如图 2-86 所示设置。

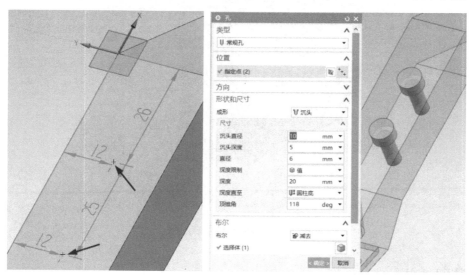

图 2-86　创建点 1 并打孔 1

选择图 2-87 中的平面绘制草图，再绘制出两个点，并对其进行打孔，如图 2-87 所示。此时手指建模完成。

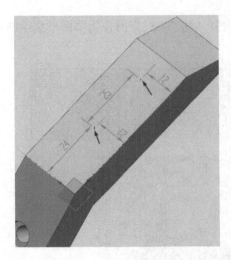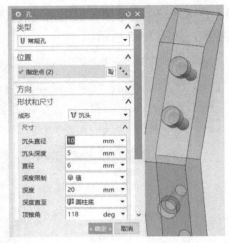

图 2-87　创建点 2 并打孔 2

2.3　部件装配

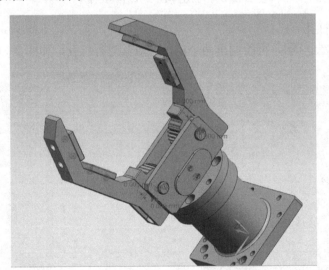

码 2-20　通用气动机械手装配

2.3.1　装配图

装配后的部件如图 2-88 所示。

图 2-88　气动机械手装配图

2.3.2　装配过程

（1）夹紧缸体，绝对原点的设置

先导入夹紧缸体，放置的位置选择"绝对原点"。然后单击"装配约束"，选择"固定"，选择"1 夹紧缸体"，如图 2-89 所示。

a)

b)

图 2-89 夹紧缸体的绝对原点

（2）对活塞的约束装配

导入活塞，放置的位置选择"根据约束"，选择约束方式为"接触对齐"，选择的对象为图中两个箭头指向的面，如图 2-90 所示。

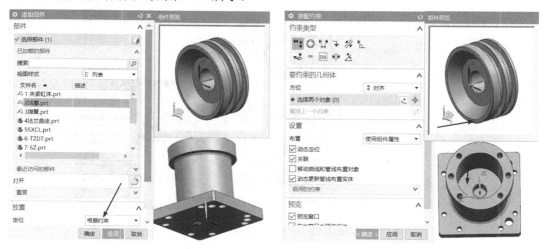

图 2-90 活塞的约束装配

（3）对齿条活塞杆的约束装配

导入齿条活塞杆，放置的位置选择"根据约束"，选择约束方式为"接触对齐"，选择的对象为两个箭头指向的面，如图 2-91 所示。

（4）对弹簧的约束装配

导入弹簧，放置的位置为"通过约束"，选择约束方式为"接触对齐"，选择的对象为图 2-92 中箭头所指的两个面，弹簧参数选择为"70"，如图 2-92 所示。

（5）对法兰盘座的约束装配

导入法兰盘座，放置的位置为"通过约束"，选择的面为图 2-93 中箭头指向的面。然后单击"装配约束"，选择"同心"，选择图 2-93 中箭头所指的两个圆边。选择"移动组件"，所移动的部件为法兰盘座，"变换运动"选择"角度"，指定矢量为 Y 轴，"指定轴点"为原点（0,0,0），角度为 90°，装配完成后效果分别如图 2-93 和图 2-94 所示。

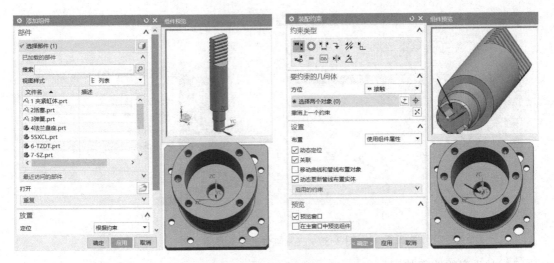

图 2-91 对齿条活塞杆的装配

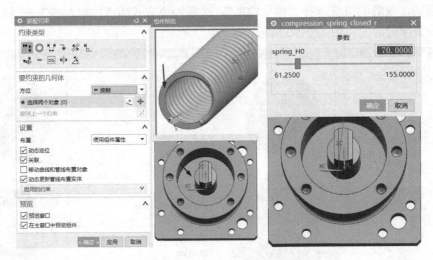

图 2-92 对弹簧的约束装配

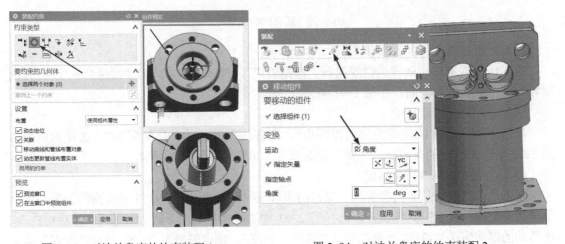

图 2-93 对法兰盘座的约束装配 1 　　　 图 2-94 对法兰盘座的约束装配 2

（6）对带轴齿轮的约束装配

导入带轴齿轮，放置的位置为"通过约束"，然后单击"装配约束"，选择"同心"，选择图 2-95a 中箭头指的两个圆边。然后出现如图 2-95b 所示的效果，单击如图 2-95b 所示按钮，继续导入带轴齿轮，放置的位置为另一边的孔。

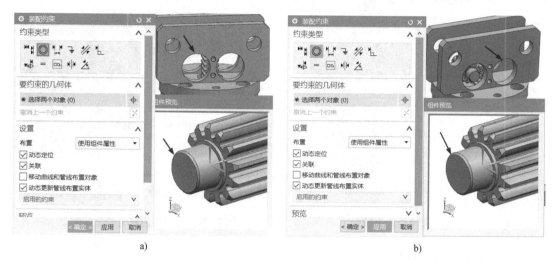

a)   b)

图 2-95　对带轴齿轮的约束装配

然后调整齿轮位置选择要移动的组件为齿轮，"运动"选择"角度"，指定矢量为 Z 轴。移动的轴点为此轴端面圆的圆心，然后输入角度将齿轮调整至图示位置，如图 2-96 所示。

图 2-96　对带轴齿轮的约束装配

（7）对扇形齿轮的约束装配

导入扇形齿轮，放置的位置为"通过约束"，然后单击"装配约束"，选择"同心"，选择箭头所指的两个圆边。然后出现如图 2-97 所示的效果单击如图 2-97 中箭头所示指的按钮。

　　然后单击"装配约束"，选择"平行"，选择箭头所指的两个面。再次导入扇形齿轮，在另一边按上面的方法进行操作，最后的效果如图 2-98 所示。

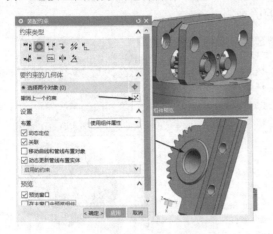

图 2-97　对扇形齿轮的约束装配 1　　　　　　图 2-98　对扇形齿轮的约束装配 2

　　（8）对手指的约束装配

　　导入手指，放置的位置为"通过约束"，选择"接触对齐"，选择箭头所指的两个面。然后单击"移动组件"，选择"动态"，将手指旋转 180°，如图 2-99 所示。

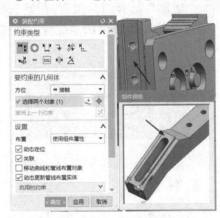

图 2-99　对手指的约束装配 1

　　然后单击"装配约束"，选择"距离"，选择如图 2-100 所示的两边，距离为 0mm，然后再次单击"装配约束"，选择"距离"，选择如图 2-100 所示的两面，距离为 0mm。

　　再次导入手指，按上面的步骤完成如图 2-101 所示的装配。

　　（9）对调整垫铁的约束装配

　　导入调整垫铁，放置的位置为"通过约束"，选择"同心"，选择箭头所指的两个面，然后单击箭头所指按钮，再单击"装配约束"，选择"同心"，选择两个孔的圆心，如图 2-102a 所示。再次导入调整垫铁，选择其余 3 个地方，如图 2-102b 所示；按上面的方法操作，最后效果如图 2-102c 所示。

图 2-100　对手指的线束装配 2

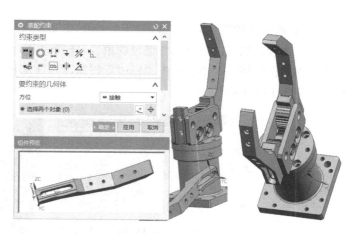

图 2-101　对手指的装配 3

a)

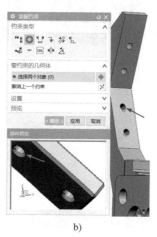

b)

c)

图 2-102　调整垫铁的约束装配

（10）对轴的约束装配

导入轴，放置的位置为"通过约束"，选择约束为"同心"，选择两个圆的圆心，然后单击箭头所指的按钮如图 2-103 所示。另一边孔的设置操作方法一样。

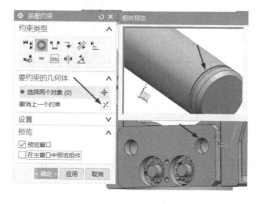

图 2-103　对轴的约束装配

（11）对盖板的约束装配

导入盖板，放置的位置为"通过约束"，选择约束为"同心"，选择两个圆的圆心，然后单击箭头所指的按钮，不要单击"完成"按钮，再次选择其两个圆，另一边按一样的方法操作，如图 2-104 所示。

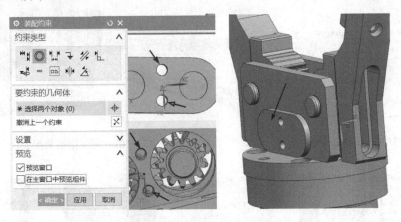

图 2-104　对盖板的约束装配

2.4　知识与技能点

2.4.1　"约束"命令的应用

码 2-21　"约束"命令应用举例

常用约束有如下几种。

1）重合 ⌐：约束两个或多个顶点或点，使之重合，如图 2-105 所示。

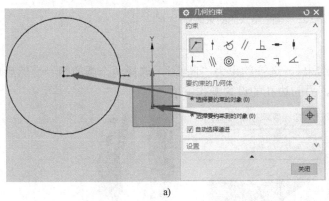
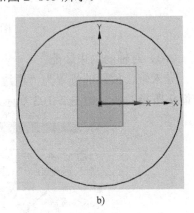

图 2-105　重合

a）选择对象　b）完成约束

2）点在曲线上 ⊤：将顶点或点约束到一条曲线上，如图 2-106 所示。

3）相切 ⌀：约束两条曲线使之相切，如图 2-107 所示。

4）平行 ∥：约束两条或多条直线平行，如图 2-108 所示。

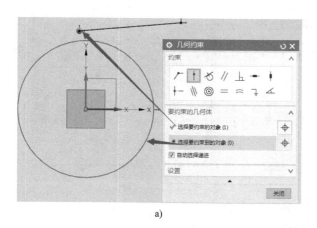
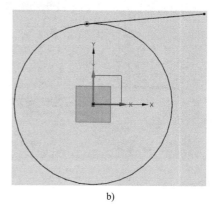

a)　　　　　　　　　　b)

图 2-106　点在曲线上

a) 选择对象　b) 完成约束

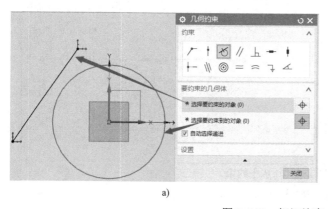

a)　　　　　　　　　　b)

图 2-107　相切约束

a) 选择对象　b) 完成约束

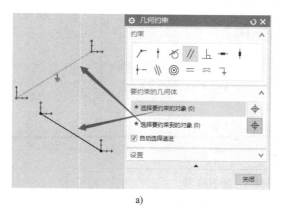
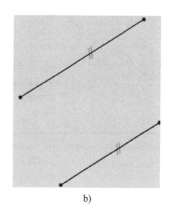

a)　　　　　　　　　　b)

图 2-108　平行约束

a) 选择对象　b) 完成约束

5）垂直：约束两条直线，使之垂直，如图 2-109 所示。

6）水平：约束一条或多条线，使之水平放置，如图 2-110 所示。

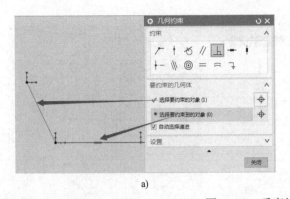
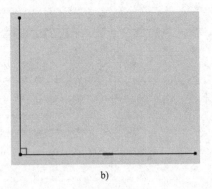

a)   b)

图 2-109　垂直约束

a) 选择对象　b) 完成约束

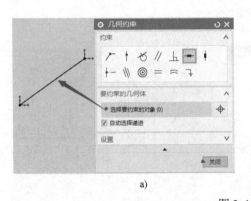
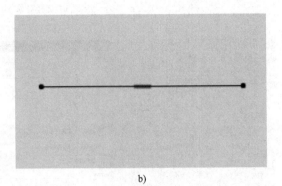

a)   b)

图 2-110　水平约束

a) 选择对象　b) 完成约束

7）竖直 ⬚：约束一条或多条线，使之竖直放置，如图 2-111 所法。

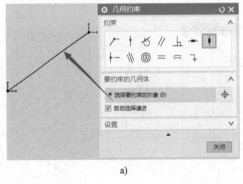
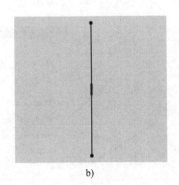

a)   b)

图 2-111　竖直约束

a) 选择对象　b) 完成约束

8）中点 ⬚：约束顶点或点，使之与某条线的中点对齐，如图 2-112 所示。

9）共线 ⬚：约束两条或多条线，使之共线，如图 2-113 所示。

10）同心 ◎：约束两条或多条线曲线，使之同心，如图 2-114 所示。

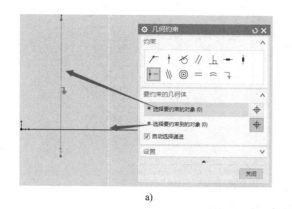
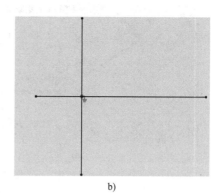

a)   b)

图 2-112   中点约束

a) 选择对象   b) 完成约束

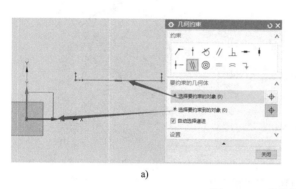
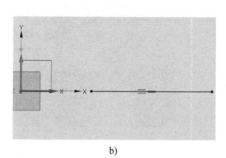

a)   b)

图 2-113   共线约束

a) 选择对象   b) 完成约束

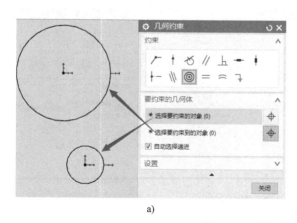
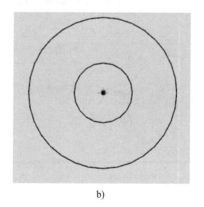

a)   b)

图 2-114   同心约束

a) 选择对象   b) 完成约束

11）等长 ＝：约束两条或多条线，使之等长，如图 2-115 所示。

12）等半径 ≈：约束两条或多圆弧，使之等半径，如图 2-116 所示。

13）固定 ⊐：约束一个或多个曲线或顶点，使之固定，如图 2-117 所示。

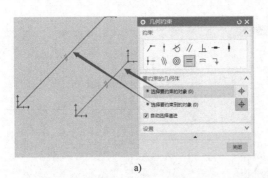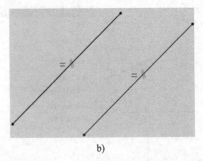

a)　　　　　　　　　　　　　b)

图 2-115　等长约束

a) 选择对象　b) 完成约束

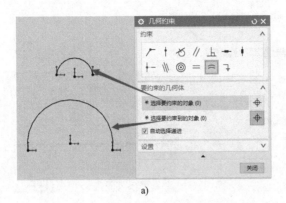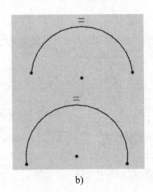

a)　　　　　　　　　　　　　b)

图 2-116　等半径约束

a) 选择对象　b) 完成约束

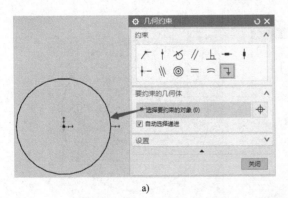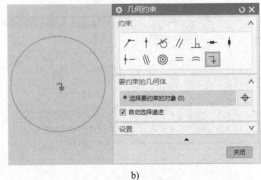

a)　　　　　　　　　　　　　b)

图 2-117　固定约束

a) 选择对象　b) 完成约束

2.4.2　约束实例1

约束实例1的二维图如图 2-118 所示。

（1）创建草图

选择菜单栏的"插入"→"在任务环境中创建草图"命令，选择 X-Y 平面作为草图平

码 2-22　约束实例1

面，如图 2-119a 所示；将连续自动标注尺寸功能关闭，如图 2-119b 所示；使用"轮廓"命令绘制草图，如图 2-119c 所示。

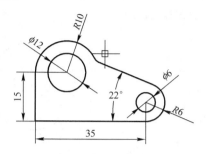

图 2-118　例 1 零件图

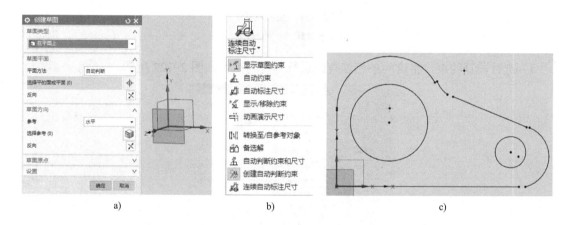

a)　　　　　　　　　　b)　　　　　　　　　　c)

图 2-119　创建草图

（2）形状约束

1）进行共线约束，将长度 35mm 的边与 X 向坐标轴共线，如图 2-120 所示。

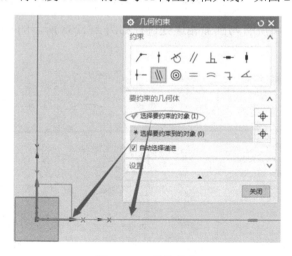

图 2-120　共线约束

2）进行重合约束，将草图左下角与坐标系原点重合，如图 2-121a 所示，同时将所有未连接在一起的直线端点进行约束，如图 2-121b 所示。

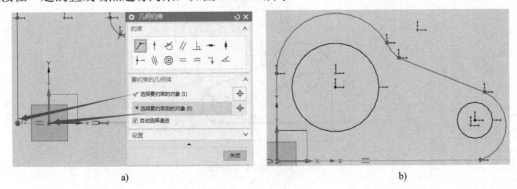

a)   b)

图 2-121　重合约束

a) 选择对象　b) 完成约束

3）进行垂直约束，将这两条相连直线进行垂直约束，如图 2-122 所示。

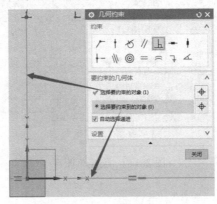

图 2-122　垂直约束

4）进行相切约束，将所有与圆弧相连处进行如图 2-123a 所示的操作，结果如图 2-123b 所示。

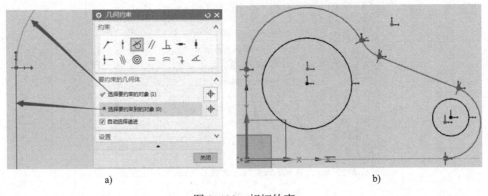

a)   b)

图 2-123　相切约束

a) 选择对象　b) 完成约束

5）进行同心约束，如图 2-124 所示，将两圆和圆弧进行同心约束。

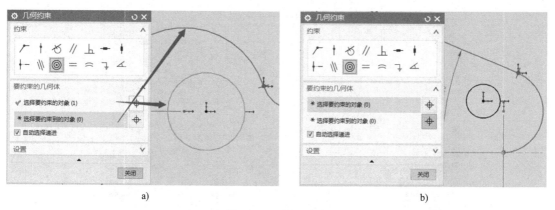

图 2-124 同心约束

a) 选择对象 b) 完成约束

（3）尺寸约束

使用快速尺寸标注 ，将直线的长度确定，如图 2-125a 所示；使用径向尺寸标注 把圆弧半径确定，如图 2-125b 和 c 所示；最后进行角度约束，如图 2-125d 所示。

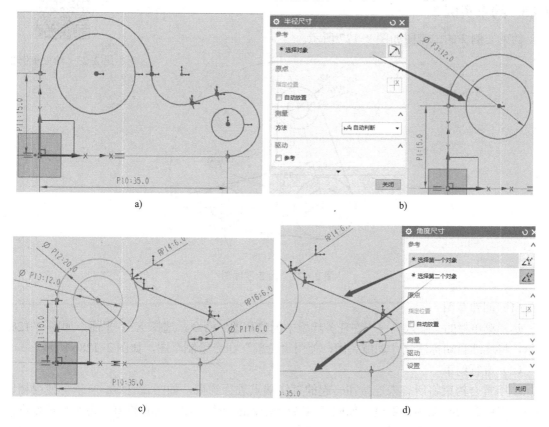

图 2-125 尺寸约束

完成约束的效果如图 2-126 所示。

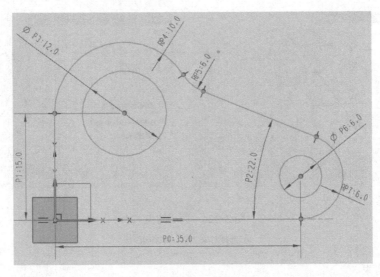

图 2-126　完成约束的效果图

2.4.3　约束实例 2

约束实例 2 的二维图如图 2-127 所示。

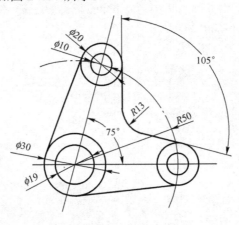

图 2-127　例 2 零件图

（1）创建草图

选择菜单栏的"插入"→"在任务环境中创建草图"命令，选择 X-Y 平面，如图 2-128a 所示，将连续自动标注尺寸功能关闭，使用"轮廓"命令绘制草图，如图 2-128b 所示。

（2）进行约束

使用重合约束将所有未连接在一起的直线端点进行约束，如图 2-129a 所示；使用相切约束，将所有与圆弧相连处进行如图 2-129b 所示的操作；使用同心约束，将所有圆弧进行如图 2-129c 所示的操作，得到如图 2-129d 所示效果。

使用等半径约束，进行如图 2-130a 所示操作，得到如图 2-130b 所示效果。

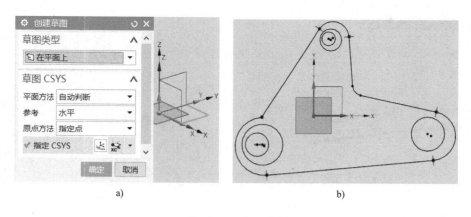

图 2-128　创建草图

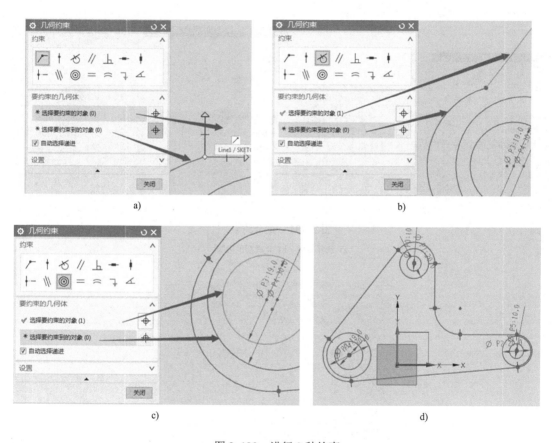

图 2-129　进行 3 种约束

使用重合约束，将草图左下角圆心与坐标系原点重合，如图 2-131a 所示，完成后效果如图 2-131b 所示。

如图 2-132 所示的角度为 75°、长度为 50mm 的两条辅助直线。

使用重合约束，将辅助线起点与坐标系原点重合，如图 2-133a 所示，如图 2-133b 所示将圆心约束在辅助线终点上，完成的效果如图 2-133c 所示。

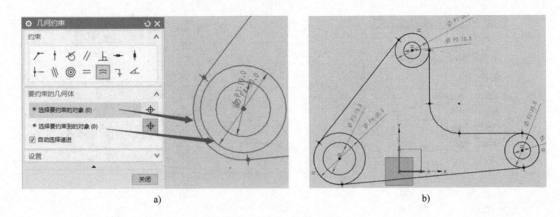

图 2-130　等半径约束

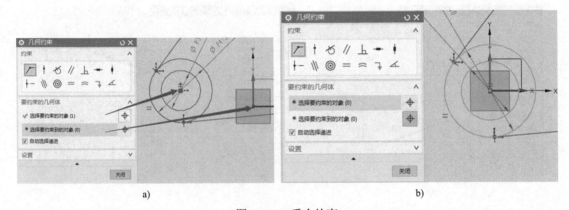

图 2-131　重合约束

a) 选择对象　b) 完成后的效果

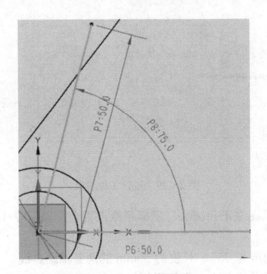

图 2-132　绘制辅助线

使用固定约束将右侧两圆心固定，如图 2-134 所示。

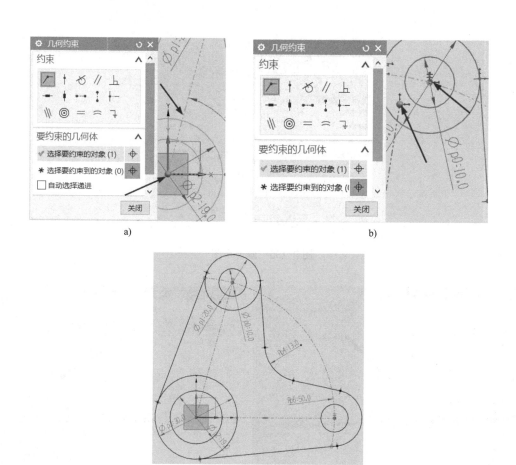

图 2-133　重合约束 2

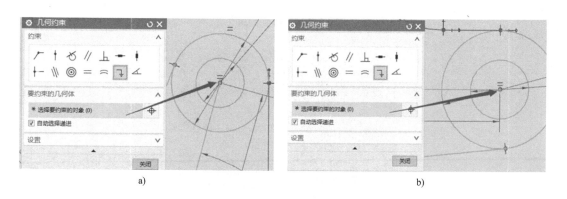

图 2-134　固定约束

对草图快速修剪,将辅助线删除,如图 2-135 所示。

使用等长约束的操作,如图 2-136a 所示,对半径尺寸标注的操作如图 2-136b 所示。

约束完成后其效果如图 2-137 所示。

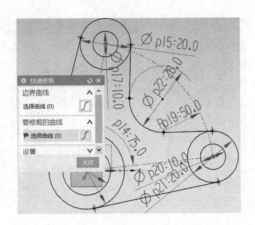

图 2-135　修剪草图

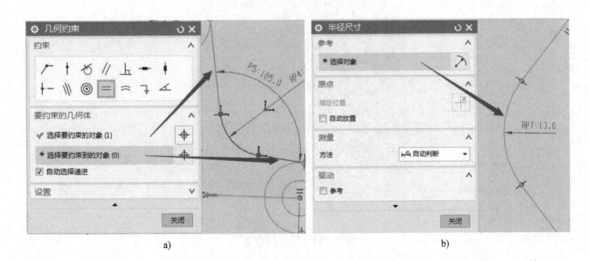

a)　　　　　　　　　　　　　　　　　b)

图 2-136　等长约束

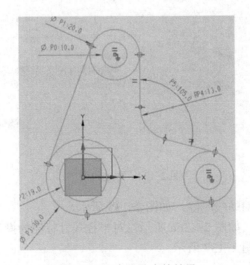

图 2-137　完成约束的效果

2.5 实例演练及拓展

有以下 5 种练习件供建模练习使用。

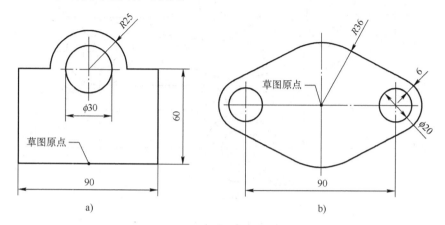

图 2-138　练习件 1

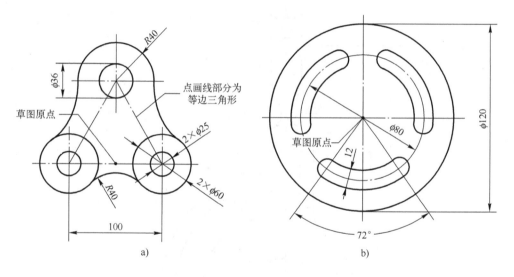

图 2-139　练习件 2

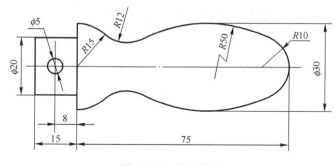

图 2-140　练习件 3

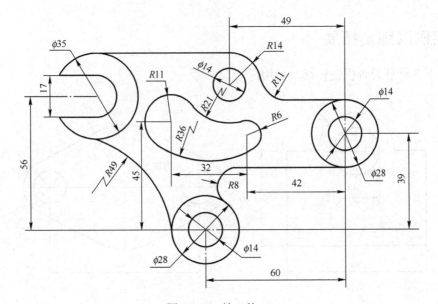

图 2-141 练习件 4

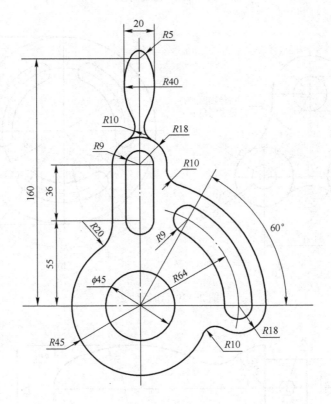

图 2-142 练习件 5

项目3　送料机械手的建模与装配

本项目通过对送料机械手的绘制、建模和出图，掌握常用三维建模和工程图出图等知识和技能。

【项目内容】

培养更多高素质技术技能人才、能工巧匠、大国工匠，为全面建设社会主义现代化国家作出贡献，是职业教育的目的和动力。

本项目介绍如何运用 UG NX 10.0 软件完成送料机械手的三维建模，以掌握"回转""基准特征""实例特征"命令在建模中的操作方法及使用技巧；掌握"沿引导线扫掠"、"螺纹"等绘图技巧；理解"投影视图""剖视图""局部剖视图"和"局部放大图"等出图方法。

【项目目标】

1）掌握"沿引导线扫掠"命令的操作方法及应用技巧。

2）掌握"螺纹"命令在特征建模中的应用技巧。

3）掌握"回转"命令对草图绘制的要求，以及"回转"命令的操作方法和应用技巧。

4）掌握创建"基本视图"、"投影视图"的方法。

5）掌握创建"剖视图"、"局部剖视图"和"局部放大图"的方法。

6）掌握将 UG NX 工程图导入 Auto CAD 的操作步骤及方法。

3.1　送料机械手图纸分析

送料机械手的主要组成部件由 1 定位手指、2 固定板、3 销轴、4 滚轮架、5 滚轮架、6 定位手指、7 螺钉、8 固定板、9 滚轮、10 内套圈、11 垫片、12 销子、13 夹紧手指、14 夹紧手指组成，如图 3-1 所示；其各部分的零件图和三维图如图 3-2 所示。

送料机械手包括定位和夹紧用两种。因工件较长，故夹紧式机械手采用双手的手指夹持工件的两端。当机械手向下运动时，手指内侧的斜面碰触工件外表面而使手指张开，工件进入手指上的圆弧面处后，靠弹簧的张力将工件夹紧。

定位手部的夹紧和松开与手部相应的动作原理相同，所不同的是需要利用滚轮架 4、固定架 5 及滚轮 9 使两只手指 1 同时闭合或张开，以保证工件上的第三挡凸轮的凸起部分保持朝下，靠弹簧的张力使其保持一定位置。

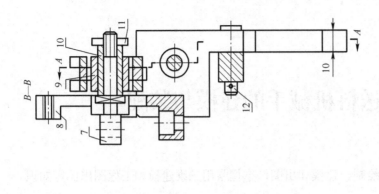

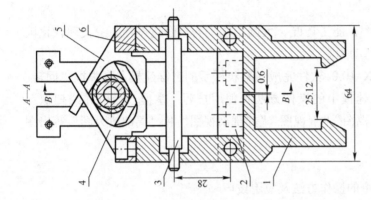

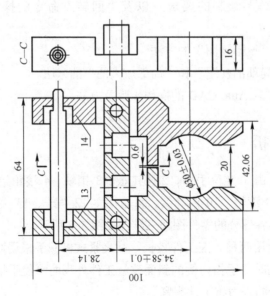

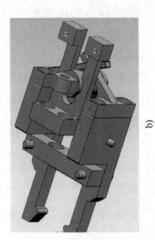

图3-1　送料机械手图纸

a) 二维图　b) 三维图　c) 爆炸图

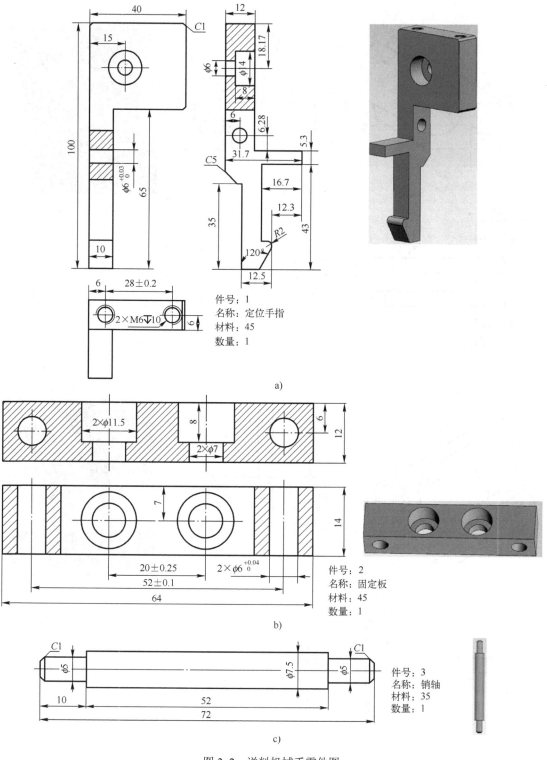

件号：1
名称：定位手指
材料：45
数量：1

a)

件号：2
名称：固定板
材料：45
数量：1

b)

件号：3
名称：销轴
材料：35
数量：1

c)

图 3-2　送料机械手零件图

a) 件 1　b) 件 2　c) 件 3

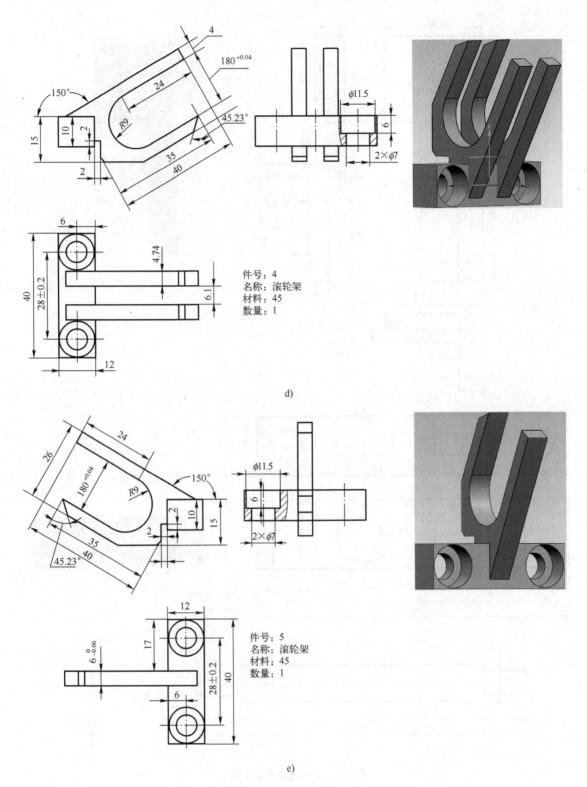

件号：4
名称：滚轮架
材料：45
数量：1

d)

件号：5
名称：滚轮架
材料：45
数量：1

e)

图 3-2 送料机械手零件图（续）

d) 件 4 e) 件 5

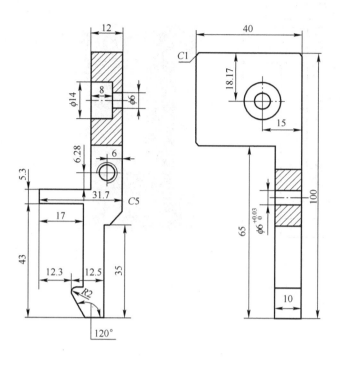

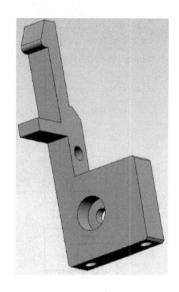

件号：6
名称：定位手指
材料：45
数量：1

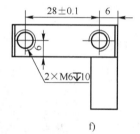

f)

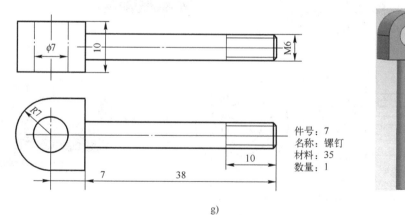

件号：7
名称：镙钉
材料：35
数量：1

g)

图 3-2　送料机械手零件图（续）

f) 件 6　g) 件 7

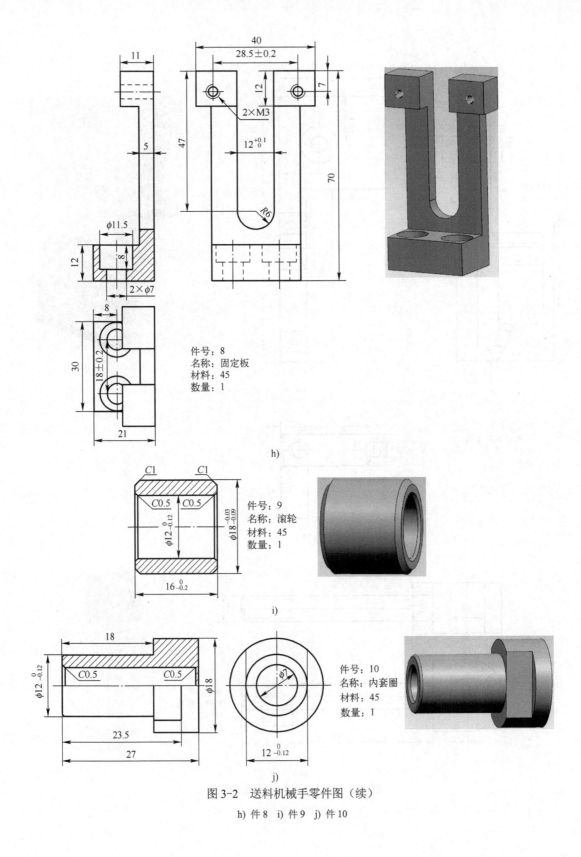

件号：8
名称：固定板
材料：45
数量：1

h)

件号：9
名称：滚轮
材料：45
数量：1

i)

件号：10
名称：内套圈
材料：45
数量：1

j)

图 3-2　送料机械手零件图（续）

h) 件 8　i) 件 9　j) 件 10

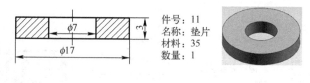

件号：11
名称：垫片
材料：35
数量：1

k)

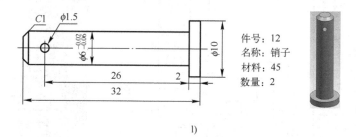

件号：12
名称：销子
材料：45
数量：2

l)

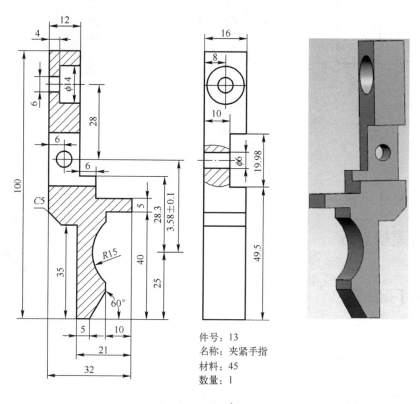

件号：13
名称：夹紧手指
材料：45
数量：1

m)

图 3-2　送料机械手零件图（续）

k) 件 11　l) 件 12　m) 件 13

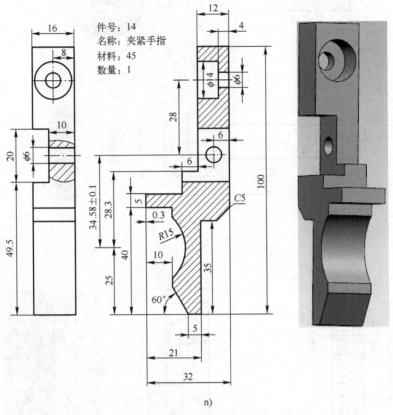

件号：14
名称：夹紧手指
材料：45
数量：1

n)

图 3-2 送料机械手零件图（续）

n) 件 14

3.2 部件建模过程

码 3-1 定位手指建模

3.2.1 定位手指建模

（1）打开定位手指零件图

件 1 定位手指结构图如图 3-3 所示。

（2）绘制草图 1 并拉伸 1

进入草图绘制工作区，选择 Y-Z 平面绘制草图，如图 3-4 所示。

对草图 1 进行拉伸，其设置和效果如图 3-5 所示。

（3）创建草图 2 并拉伸 2

选择 X-Z 平面创建草图，绘制草图，如图 3-6 所示。

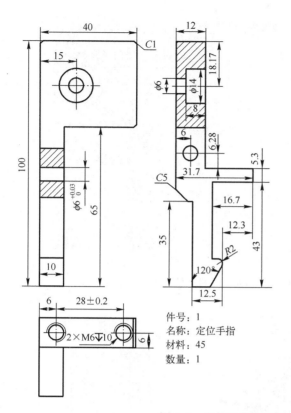

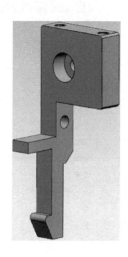

件号：1
名称：定位手指
材料：45
数量：1

图 3-3　定位手指结构图

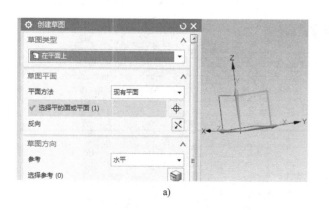

a)

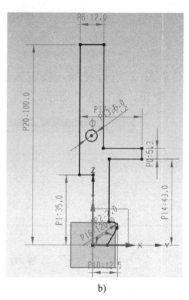

b)

图 3-4　绘制草图 1

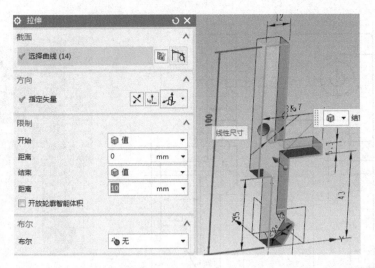

图 3-5 对草图 1 进行拉伸 1

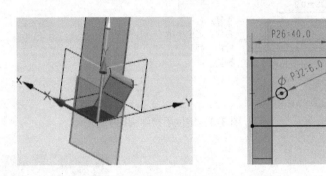

图 3-6 绘制草图 2

对草图 2 进行拉伸，指定矢量为 Y 轴，输入拉伸距离，"布尔"选择"求和"，单击"确定"按钮，如图 3-7 所示。

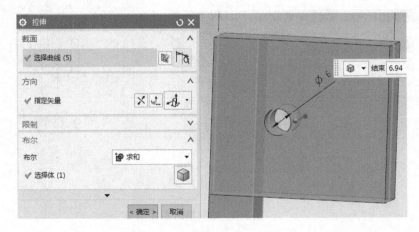

图 3-7 对草图 2 进行拉伸 2

再次进入如图 3-8 所示草图绘制环境，选择自动判断方式创建草图平面。

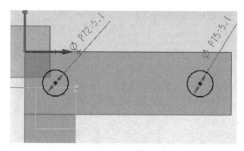

图 3-8　绘制草图 3

对草图 3 进行拉伸，指定矢量为 Z 轴，输入拉伸距离，"布尔"选择"求差"，如图 3-9 所示。

（4）创建螺纹

对孔创建螺纹，其参数设置如图 3-10 所示。

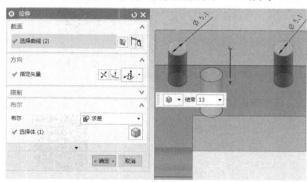

图 3-9　拉伸 3　　　　　　　　　　　图 3-10　螺纹参数设置

（5）草图 3 的绘制并拉伸 3

进入草图绘制环境，"平面方法"中选择"现有平面"，"指定点"选择圆心，如图 3-11 所示。

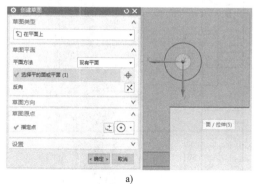
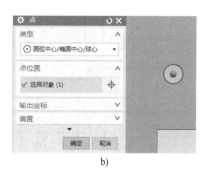

a)　　　　　　　　　　　　　　　　b)

图 3-11　绘制草图 4

对草图 4 进行拉伸，指定矢量为 Y 轴，输入拉伸距离，"布尔"选择"求差"，如图 3-12 所示。

（6）倒角

通过输入距离和角度对上一步的形体进行倒角，设置如图 3-13 所示。

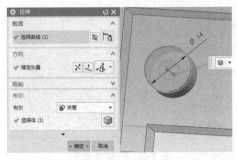

图 3-12　对草图 4 进行拉伸 4

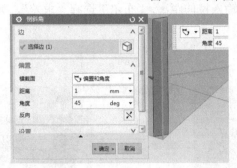

图 3-13　倒角参数设置

3.2.2　夹紧手指建模

（1）打开夹紧手指零件图

夹紧手指（件 13）零件图如图 3-14 所示。

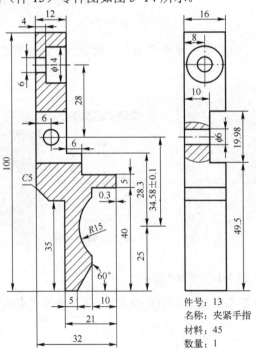
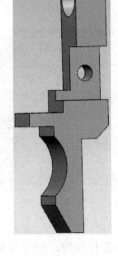

件号：13
名称：夹紧手指
材料：45
数量：1

图 3-14　夹紧手指零件图

（2）草图的绘制并拉伸

进入草图绘制环境，选择 X-Y 平面创建平面，单击"确定"按钮，绘制草图；单击"完成草图"图标按钮，选择"拉伸"图标按钮，选择绘制的草图，指定矢量为，输入拉伸距离，单击"确定"按钮。

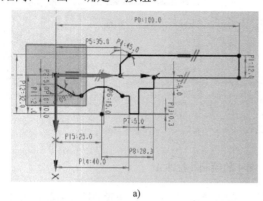
a)

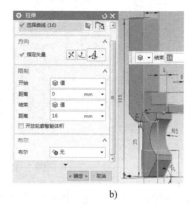
b)

图 3-15　草图 1 的绘制并拉伸 1

如图 3-16a 所示，以此平面为草图平面创建草图，单击"完成草图"图标按钮，选择"拉伸"图标按钮，选择绘制的草图，指定矢量为，输入拉伸距离后，"布尔"选"求差"，单击"确定"按钮，如图 3-16b 所示。

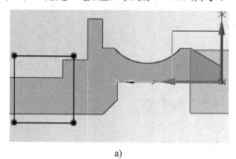
a)

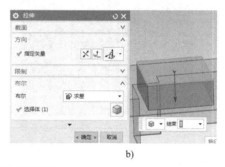
b)

图 3-16　草图 2 的绘制并拉伸 2

如图 3-17a 所示，以此平面为草图平面创建草图，单击"草图"图标按钮，选择"拉伸"图标按钮，选择绘制的草图，指定矢量为，输入拉伸距离后，"布尔"选"求差"，单击"确定"按钮，如图 3-17 所示。

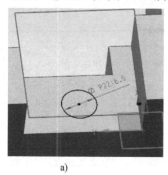
a)

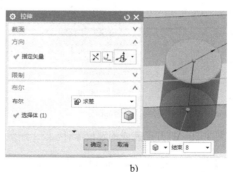
b)

图 3-17　草图 3 的绘制并拉伸 3

如图 3-18a 所示，以此平面为草图平面创建草图，单击"完成草图"图标按钮 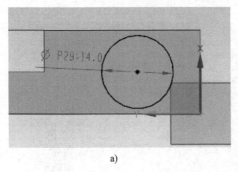，选择"拉伸"图标按钮 📖，选择绘制的草图，指定矢量为 ，输入拉伸距离后，"布尔"选"求差"，单击"确定"按钮，如图 3-18b 所示。

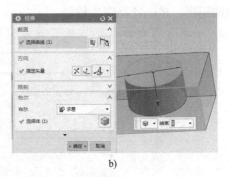

a)   b)

图 3-18　草图 4 的绘制并拉伸 4

如图 3-19a 所示，以此平面为草图平面创建草图，单击"完成草图"图标按钮 🗹，选择"拉伸"图标按钮 📖，选择绘制的草图，指定矢量为 ，输入拉伸距离，"布尔"选"求差"，单击"确定"按钮，如图 3-19b 所示。

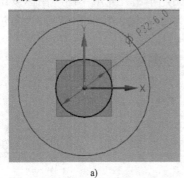
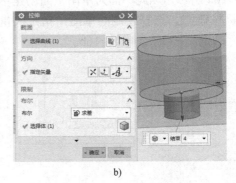

a)   b)

图 3-19　草图 5 的绘制并拉伸

（3）镜像特征

如图 3-20 所示，打开已完成的件 13，选择菜单栏的"插入"→"关联复制"→"镜像特征"命令，如图 3-21 所示。

图 3-20　打开已完成的建模零件   图 3-21　镜像特征

如图 3-22 所示，选择镜像前的图形，单击 移动至图层，将镜像前的图形移动至其他图层，单击"确定"按钮完成操作。

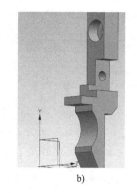

a)   b)

图 3-22　移动图层

3.2.3　滚轮建模

码 3-3　滚轮建模

（1）打开滚轮零件图

滚轮零件图，如图 3-23 所示。

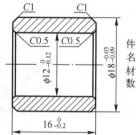

件号：9
名称：滚轮
材料：45
数量：1

图 3-23　滚轮零件图

（2）草图的绘制并拉伸

单击图标按钮进入如图 3-24a 所示工作区进行草图绘制，选择 X-Y 平面创建平面，单击"确定"按钮，绘制草图，单击"完成草图"图标按钮，选择"拉伸"，选择绘制的草图，指定矢量为，输入拉伸距离，单击"确定"按钮，如图 3-24b 所示。

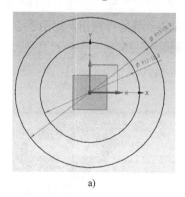
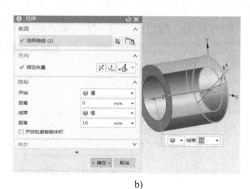

a)   b)

图 3-24　草图的绘制并拉伸

（3）倒角

单击"倒斜角"图标按钮，选取需要倒角的边对其进行如图 3-25 所示的操作，然后单击"确定"按钮。

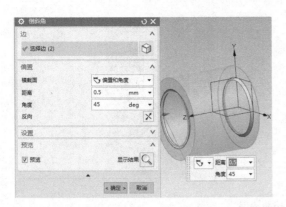
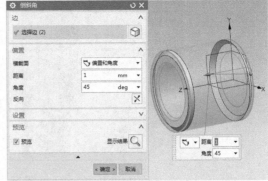

图 3-25　滚轮倒角

3.2.4　内套圈建模

（1）打开内套圈零件图

内套圈零件图如图 3-26 所示。

码 3-4　内套圈建模

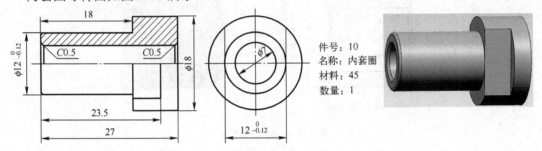

件号：10
名称：内套圈
材料：45
数量：1

图 3-26　内套圈零件图

（2）草图的绘制并拉伸

单击图标按钮 进入如图 3-27a 所示工作区，进行草图绘制，选择 X-Y 平面创建草图平面，单击"确定"按钮，绘制草图，单击"完成草图"图标按钮 ，选择"拉伸"图标按钮 ，选择绘制的草图，指定矢量为 ，输入拉伸距离，单击"确定"按钮，如图 3-27b 所示。

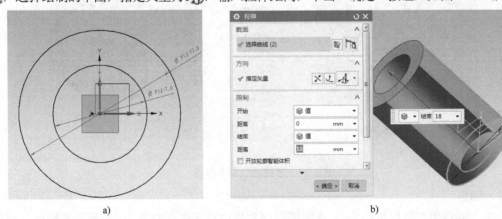

a)　　　　　　　　　　　　　　　　　　　b)

图 3-27　草图 1 的绘制并拉伸 1

如图 3-28a 所示，以此平面为草图平面创建草图，单击"完成草图"图标按钮![icon]，选择"拉伸"图标按钮![icon]，选择绘制的草图，指定矢量为![icon]，输入拉伸距离，"布尔"选"求和"，单击"确定"按钮如图 3-28b 所示。

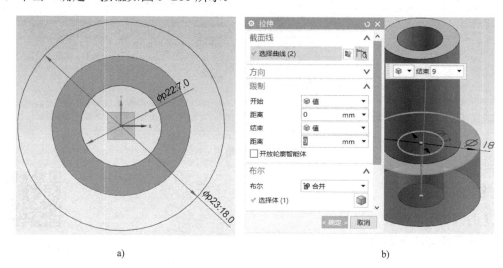

a)   b)

图 3-28　草图 2 的绘制并拉伸 2

如图 3-29a 所示，以此平面为草图平面创建草图，单击"完成草图"图标按钮![icon]，选择"拉伸"图标按钮![icon]，选择绘制的草图，指定矢量为![icon]，输入拉伸距离后，"布尔"选"求差"，单击"确定"按钮如图 3-29b 所示。

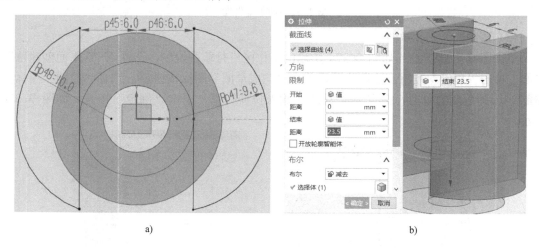

a)   b)

图 3-29　草图 3 的绘制并拉伸 3

（3）倒角

单击"倒斜角"图标按钮![icon]，选取需要倒角的边对其进行如图 3-30a 所示的操作。单击"边倒圆"图标按钮![icon]，选取所需的边对其进行如图 3-30b 所示操作，然后单击"确定"按钮如图 3-30b 所示。

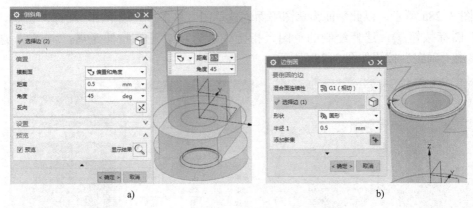

图 3-30　倒角

3.2.5　销子建模

（1）打开销子零件图

销子零件图如图 3-31 所示。

码 3-5　销子建模

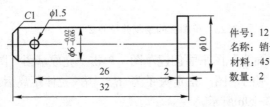

件号：12
名称：销子
材料：45
数量：2

图 3-31　销子零件图

（2）草图的绘制并拉伸

单击图标按钮 进入如图 3-32a 所示的工作区进行草图绘制，选择 X-Y 平面创建草图平面，单击"确定"按钮，绘制草图，单击"完成草图"图标按钮 ，选择"拉伸"图标按钮 ，选择绘制的草图，指定矢量为 ，输入拉伸距离，单击"确定"按钮，如图 3-32b 所示。

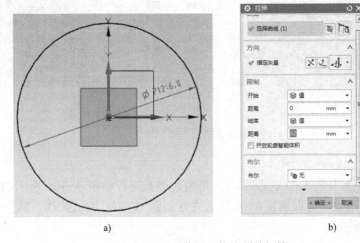

图 3-32　草图 1 的绘制并拉伸 1

如图 3-33a 所示，以此平面作为草图平面创建草图，单击"完成草图"图标按钮 ，选择"拉伸"图标按钮 ，选择绘制的草图，指定矢量为 ，输入拉伸距离，"布尔"选"求和"，单击"确定"按钮，如图 3-33b 所示。

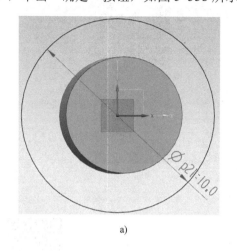
a)

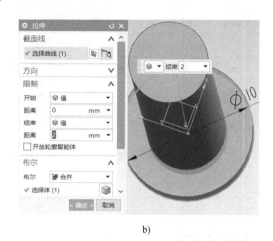
b)

图 3-33　草图 2 的绘制并拉伸 2

如图 3-34a 所示，以此平面为草图平面创建草图，单击"完成草图"图标按钮 ，选择"拉伸"图标按钮 ，选择绘制的草图，指定矢量为 ，输入拉伸距离后，"布尔"选"求差"，单击"确定"按钮如图 3-34b 所示。

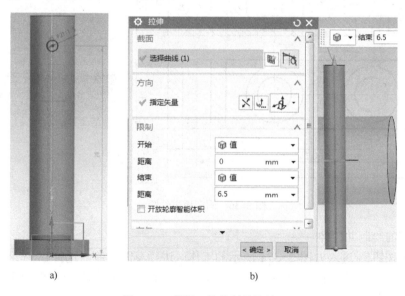
a)　　　　　　　　　　　　　　　b)

图 3-34　草图 3 的绘制并拉伸 3

（3）倒角

单击"倒斜角"图标按钮 ，选取需要倒角的边对其进行如图 3-35a 所示的操作，然后单击"确定"按钮如图 3-35b 所示。

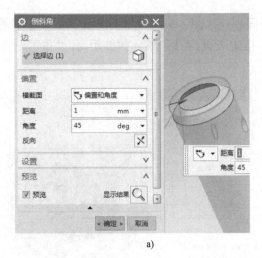

a)

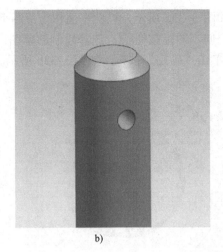

b)

图 3-35　倒角

3.2.6　固定板建模

（1）打开固定板零件图

固定板零件图如图 3-36 所示。

码 3-6　固定板建模

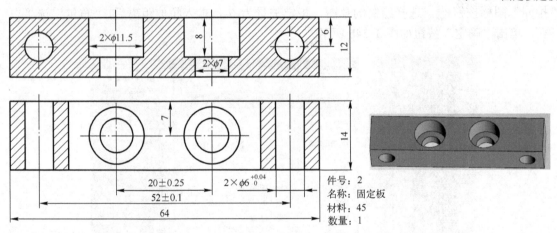

件号：2
名称：固定板
材料：45
数量：1

图 3-36　固定板零件图

（2）草图的绘制并拉伸

单击图标按钮，进入如图 3-37a 所示的工作区进行草图绘制，选择 X-Y 平面创建草图平面，单击"确定"按钮，草图中的两个点用"创建点"图标按钮指定点，绘制如图 3-37b 所示的草图。

单击"完成草图"图标按钮，选择"拉伸"图标按钮，选择绘制的草图，指定矢量为，再选，输入拉伸距离，单击"确定"按钮，如图 3-38 所示。

（3）打孔

选择"孔"图标按钮，指定两点，形状为沉头孔，输入尺寸，"布尔"选"求差"单击"确定"按钮，如图 3-39 所示。

102

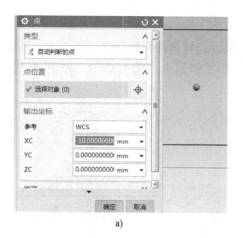

a)

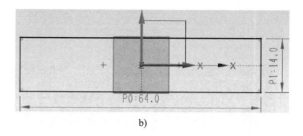

b)

图 3-37　固定板草图 1 的绘制

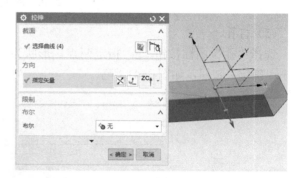

图 3-38　拉伸 1

图 3-39　打孔

（4）创建点

固定板进入如图 3-40a 所示的工作区进行草图绘制，选择自动判断创建平面方式，单击"确定"按钮，草图中的两个点用"创建点"图标按钮 指定点，绘制草图，如图 3-40b 所示。

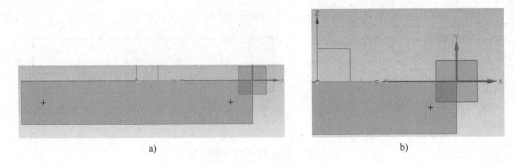

a)   b)

图 3-40　创建点

（5）打孔

选择"孔"图标按钮 ，指定两点，形状为简单孔，输入尺寸，"布尔"选"求差"，单击"确定"按钮，如图 3-41 所示。

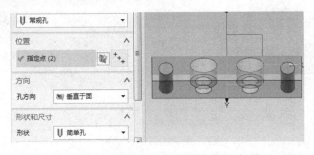

图 3-41　打孔

3.2.7　销轴建模

（1）打开销轴零件图

销轴零件图如图 3-42 所示。

码 3-7　销轴建模

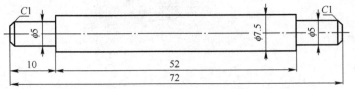

件号：3
名称：销轴
材料：35
数量：1

图 3-42　销轴零件图

（2）草图的绘制并拉伸

单击图标按钮 进入草图绘制环境，绘制的草图如图 3-43 所示。

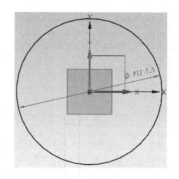

图 3-43　草图 1 的绘制

单击"完成草图"图标按钮，选择"拉伸"图标按钮，选择绘制的草图，指定矢量为，输入拉伸距离，单击"确定"按钮，如图 3-44 所示。

图 3-44　对草图 1 的拉伸 1

以拉伸后基本体的两个端面为草图平面创建草图 2，单击"完成草图"图标按钮，选择"拉伸"图标按钮，选择绘制的草图，指定矢量为，输入拉伸距离，单击"确定"按钮，如图 3-45 所示。

（3）倒角

单击"倒斜角"图标按钮，选取需要倒角的边对其进行如图 3-46 所示的操作。

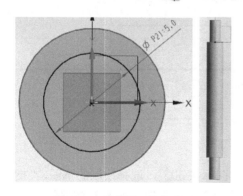

图 3-45　对草图 2 的拉伸 2

图 3-46　倒角

3.2.8 滚轮架（件5）建模

（1）打开滚轮架零件图

滚轮架零件图如图3-47所示。

码3-8 滚轮架（件5）建模

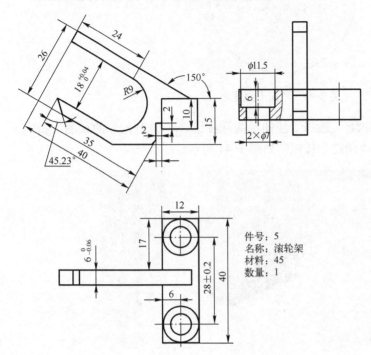

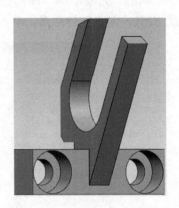

件号：5
名称：滚轮架
材料：45
数量：1

图3-47 滚轮架产品图

（2）具体操作

单击图标按钮进入草图工作区，选择 X-Y 平面创建草图平面，单击"确定"按钮，绘制草图中的两点用"创建点"图标按钮指定点，绘制草图，如图3-48所示。

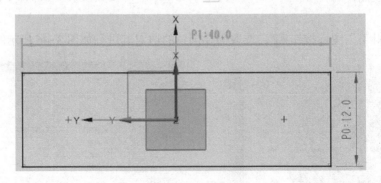

图3-48 绘制草图1

单击"完成草图"图标按钮，选择"拉伸"图标按钮，选择绘制的草图，"指定矢量"为，选择图标按钮，输入拉伸距离，单击"确定"按钮，如图3-49所示。

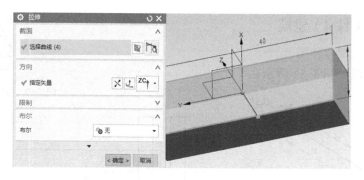

图 3-49　对草图 1 进行拉伸 1

选择 "孔" 图标按钮，指定两点，形状为沉头孔，输入尺寸，"布尔" 选 "求差"，单击 "确定" 按钮，如图 3-50 所示。

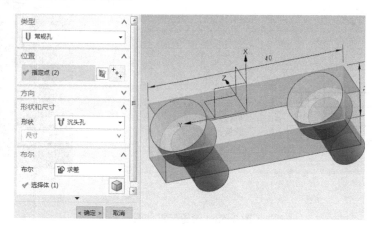

图 3-50　打孔

单击图标按钮进入草图环境，选择 X-Z 平面创建草图平面，单击 "确定" 按钮，绘制草图如图 3-51 所示。

单击 "完成草图" 图标按钮，选择 "拉伸" 图标按钮，选择绘制的草图，"指定矢量" 为，"结束" 选择 "对称值"，输入拉伸距离，单击 "确定" 按钮，如图 3-52 所示。

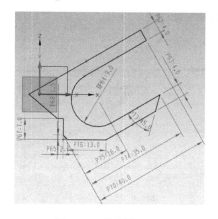

图 3-51　绘制草图 2

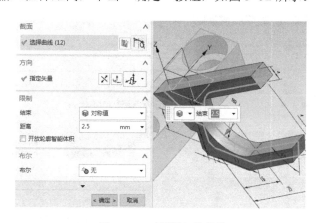

图 3-52　对草图 2 的拉伸 2

3.2.9 滚轮架（件4）建模

（1）打开滚轮架零件图

滚轮架零件图如图3-53所示。

码3-9 滚轮架（件4）建模

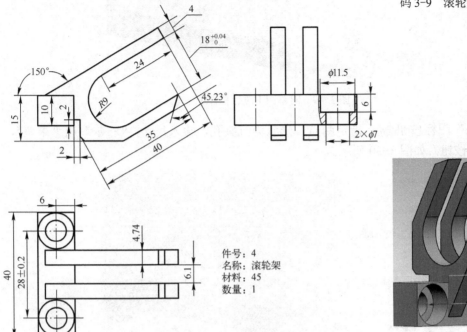

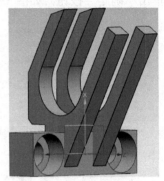

件号：4
名称：滚轮架
材料：45
数量：1

图3-53 滚轮架零件图

（2）拉伸

打开完成的零件5的建模，选择工具栏中的"移动对象"图标按钮，选择要移动的物体，指定矢量为，输入移动距离，"结果"设为"复制原先的"，单击"确定"按钮，如图3-54所示。再次重复操作将指定矢量选为，单击"确定"按钮，如图3-54b所示，最后将原始移动体删除，得到如图3-55所示的效果。

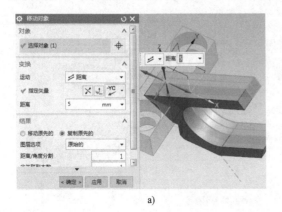
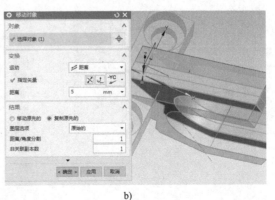

a)   b)

图3-54 移动对象

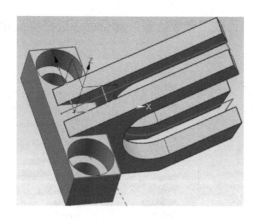

图 3-55　滚轮架效果图

3.2.10　定位手指建模

（1）打开定位手指零件图

定位手指零件图如图 3-56 所示。

码 3-10　定位手指镜像建模

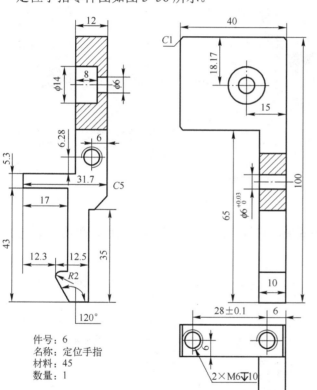

件号：6
名称：定位手指
材料：45
数量：1

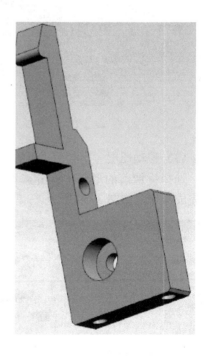

图 3-56　定位手指零件图

（2）镜像

如图 3-57 所示，打开已经完成的定位手指（件 1），选择菜单栏中的"插入"→"关联复制"→"镜像特征"命令，在"镜像特征"对话框中选择特征和平面，单击"确定"按钮，如图 3-58 所示。

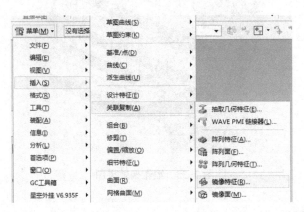

图 3-57　指定镜像特征

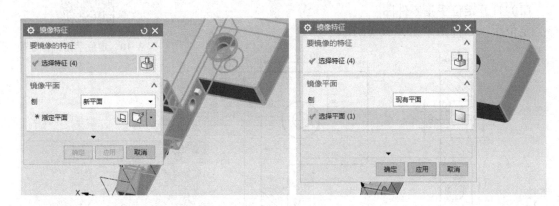

图 3-58　镜像

（3）移动图层

选择镜像前的形体，单击 ![icon] 移动至图层，将镜像前的移动至其他图层，单击"确定"按钮完成操作，如图 3-59 所示。

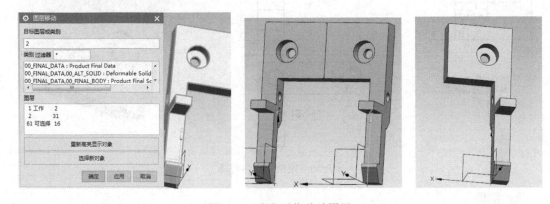

图 3-59　定位手指移动图层

3.2.11 螺钉建模

码 3-11　螺钉建模

（1）打开螺钉零件图

镙钉零件图如图 3-60 所示。

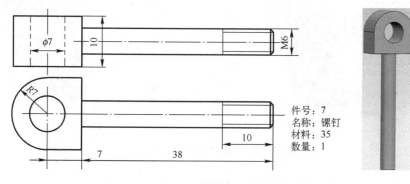

件号：7
名称：镙钉
材料：35
数量：1

图 3-60　螺钉零件图

（2）绘制草图并拉伸

单击图标按钮 进入草图工作区，选择 X-Y 平面创建草图平面，单击“确定”按钮，绘制草图，如图 3-61a 所示。单击“完成草图”图标按钮 ，选择“拉伸”图标按钮 ，选择绘制的草图，“指定矢量”为 ，输入拉伸距离，单击“确定”按钮，如图 3-61b 所示。

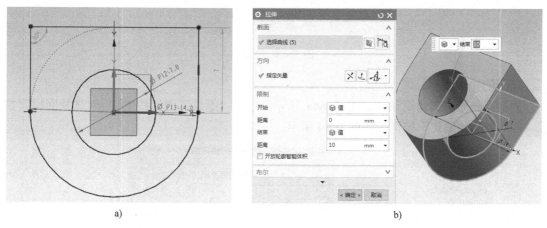

a)　　　　　　　　　　　　　　　　　　　　　　b)

图 3-61　绘制草图 1 并拉伸 1

如图 3-62a 所示平面为草图平面创建草图，单击“完成草图”图标按钮 ，选择“拉伸”图标按钮 ，选择绘制的草图，指定矢量为 ，输入拉伸距离，“布尔”选“求和”，单击“确定”按钮，如图 3-62b 所示。

（3）倒角

单击“倒斜角”图标按钮 ，选取需要倒角的边对其进行如图 3-63 所示的操作，然后单击“确定”按钮。

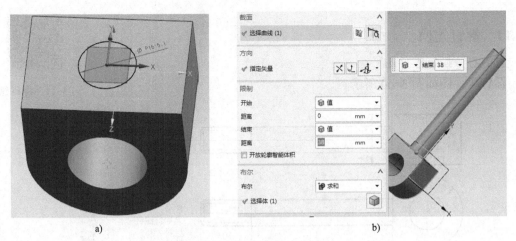

a)

b)

图 3-62 绘制草图 2 并拉伸 2

图 3-63 倒角

（4）创建螺纹

先将上一步倒斜角隐藏，如图 3-64a 所示，选择"螺纹"图标按钮，对选择面设置参数，然后单击"确定"按钮，如图 3-64 所示。

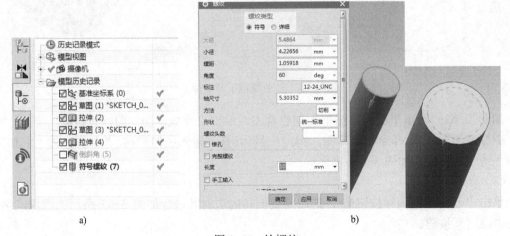

a)

b)

图 3-64 绘螺纹

3.2.12　固定板建模

（1）打开固定板零件图

固定板零件图如图 3-65 所示。

码 3-12　固定板建模

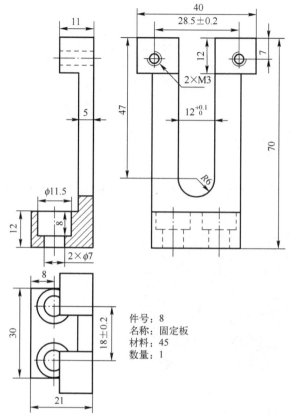

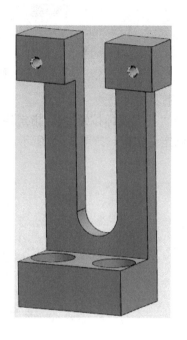

图 3-65　固定板零件图

（2）绘制草图并拉伸

单击图标按钮 进入草图环境，选择 X-Y 平面创建草图平面，单击"确定"按钮，绘制草图，如图 3-66a 所示。单击"完成草图"图标按钮 ，选择"拉伸"图标按钮 ，选择绘制的草图，指定矢量为 ，"结束"选择"对称值"，输入拉伸距离，单击"确定"按钮，如图 3-66b 所示。

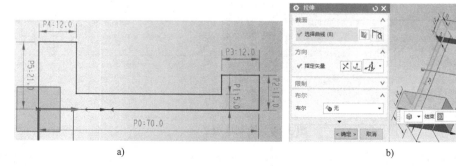

a)　　　　　　　　　　　　　　　　　b)

图 3-66　拉伸 1

单击图标按钮，进入草图环境，选自动判断平面方式创建平面，单击"确定"按钮，绘制草图，如图3-67所示。

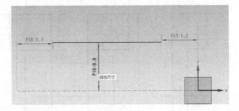

图3-67　绘制草图1

（3）打孔

选择"孔"图标按钮，指定两点，形状为沉头孔，输入尺寸，"布尔"选"求差"，单击"确定"按钮，如图3-68所示。

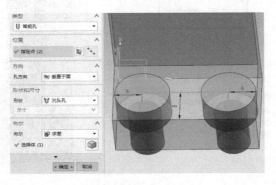

图3-68　打孔1

（4）拉伸1

单击图标按钮，进入草图环境，选自动判断平面方式创建草图平面，单击"确定"按钮，绘制草图如图3-69所示。

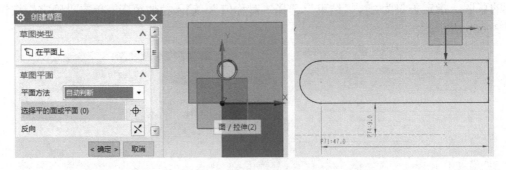

图3-69　绘制草图2

如图3-70a所示，单击"完成草图"图标按钮，选择"拉伸"图标按钮，选择绘制的草图，指定矢量为，输入拉伸距离，"布尔"选"求差"，单击"确定"按钮，如图 3-70b 所示。

a)   b)

图 3-70 对草图 2 进行拉伸 1

单击图标按钮进入草图环境，选自动判断平面方式创建草图平面，单击"确定"按钮，绘制草图，如图 3-71 所示。

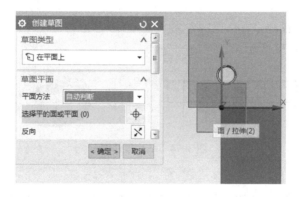

图 3-71 绘制草图 3

如图 3-72a 所示，单击"完成草图"图标按钮，选择"拉伸"图标按钮，选择绘制的草图，指定矢量为，输入拉伸距离，"布尔"选"求和"，单击"确定"按钮，如图 3-72b 所示。

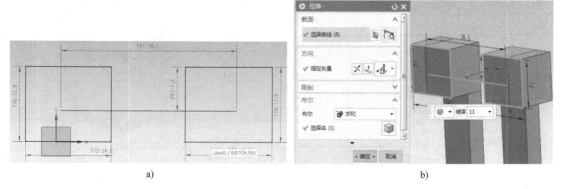

a)   b)

图 3-72 对草图 3 进行拉伸 3

选择"孔"图标按钮，指定两点，形状为螺纹孔，输入尺寸，"布尔"选"求差"，如图 3-73a 所示单击"确定"按钮，生成的孔如图 3-73b 所示。

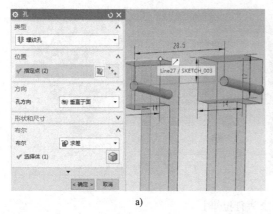

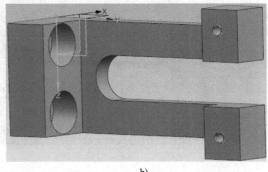

a)   b)

图 3-73　打孔 2

3.2.13　垫片建模

（1）打开垫片零件图

垫片零件图如图 3-74 所示。

码 3-13　垫片建模

图 3-74　垫片零件图

（2）绘制草图和拉伸

单击图标按钮进入进行草图工作区环境，选择 X-Y 平面创建草图平面，单击"确定"按钮，绘制草图，如图 3-75a 所示。单击"完成草图"图标按钮，选择"拉伸"图标按钮，选择绘制的草图，指定矢量为，输入拉伸距离，单击"确定"按钮，如图 3-75b 所示。

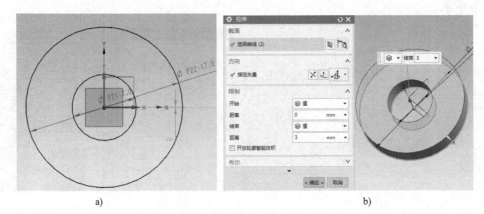

a)   b)

图 3-75　对草图的拉伸

3.3 工程图出图

3.3.1 方孔支座出图过程

方孔支座的零件图如图 3-76 所示。

码 3-14 方孔支座的建模　　　码 3-15 方孔支座的出图（1）　　　码 3-16 方孔支座的出图（2）

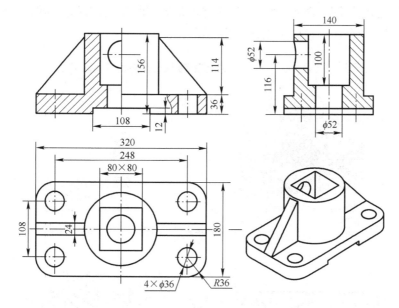

图 3-76 方孔支座零件图

（1）设置图纸

选择"启动"→"制图"命令，进入制图窗口，选择"新建图纸页"，建立图纸。选择"标准尺寸"，"大小"选择"A3"，"比例"选择"1∶1"，单击"确定"按钮，如图 3-77 所示。

（2）创建视图

选择"创建视图"命令，选择方孔支座，单击两次"确定"，选择"俯视图"，单击"下一步"如图 3-78a 所示；然后将光标移到图纸上合适位置，单击"完成"，完成视图创建，如图 3-78 所示。

图 3-77 方孔支座图纸

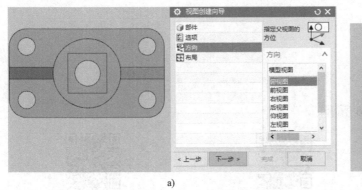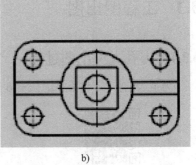

图 3-78　创建视图

继续选择"创建视图"命令，"方向"选择"正等测图"，然后单击如图 3-79b 箭头所指的"自定义视图"命令，将它放置在合适的位置。

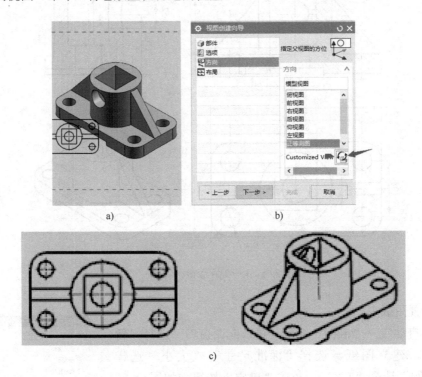

图 3-79　创建视图

（3）投影视图

选择"插入"→"视图"→"投影"命令，如图 3-80a 所示，然后单击如图 3-80b 箭头所指的命令（反转投影方向），将其放置在如图 3-80c 所示的位置。

（4）剖视图

如图 3-81a 所示选择"剖视图"命令，然后单击如图 3-81b 箭头所指圆的圆心，得到剖视图后将其放置在如图 3-81c 所示的位置。

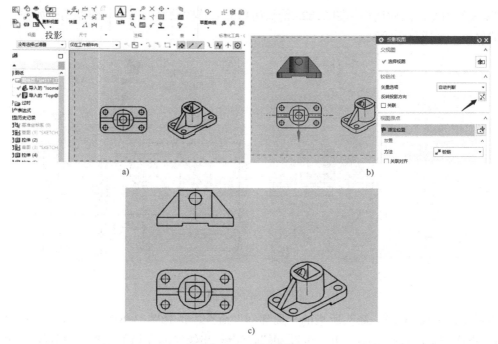

图 3-80　投影视图

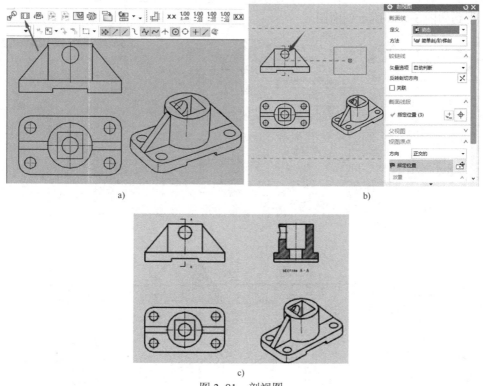

图 3-81　剖视图

（5）局部剖

先选择第 3 步中的投影视图，将光标放置在视图附近待出现黄色边框后单击，然后选择

"活动草图"命令，然后选择如图 3-82a 箭头所指的"草图曲线"命令，绘制两个如图 3-82b 所示的矩形，完成草图绘制。

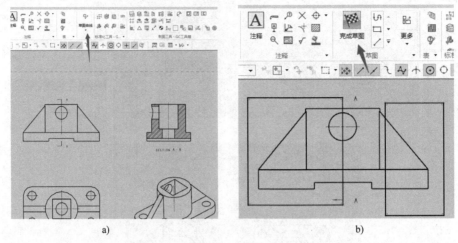

图 3-82　绘制草图

然后单击如图 3-83a 箭头所指的"局部剖"命令，选择图 3-83b 中箭头所指的基点，"矢量"不用设置，直接跳到"下一步"，再选择上一步绘制的左边的矩形，得到如图 3-83c 所示剖面图。对右边的矩形也是用同样的方法，只是将基点改成图 3-83b 中箭头所指小圆的圆心，得到如图 3-83d 所示剖面图。

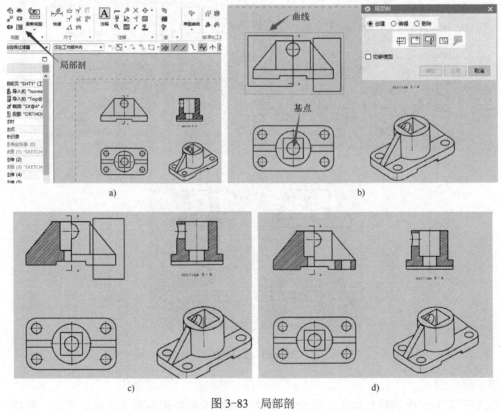

图 3-83　局部剖

3.3.2 管道出图过程

管道的零件图如图 3-84 所示。

码 3-17　管道出图（1）

码 3-18　管道出图（2）

码 3-19　管道出图（3）

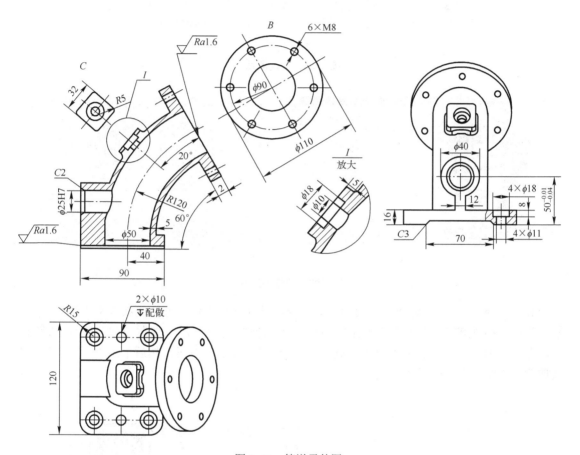

图 3-84　管道零件图

（1）创建视图

选择"启动"→"制图"命令进入制图窗口。

（2）创建图纸和视图

如图 3-85a 所示，选择新建图纸页，选择"标准尺寸"，"大小"为"A1"，"比例"选择"1：1"，单击"确定"，然后进入视图创建向导，选择管道，连续两次单击"下一步"，如图 3-85b 所示。

如图 3-86a 所示，选择"前视图"，单击"下一步"，将光标移到图纸上，选择合适的位置放置，如图 3-86b 所示。

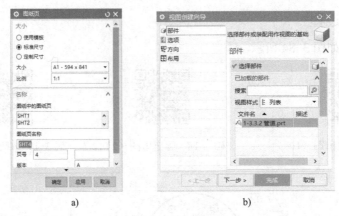

a)

b)

图 3-85　创建图纸

a)

b)

图 3-86　前视图放置

如图 3-87a 所示，选择"视图创建"命令，继续选择管道，连续两次单击"下一步"，然后选择"俯视图"，单击箭头所指的命令，进入视图定向窗口，如图 3-87c 所示放置视图，即将视图摆正到合适位置时按键盘上 F8。单击"确定"按钮，然后单击"下一步"，将其放置在如图 3-87d 所示的位置。

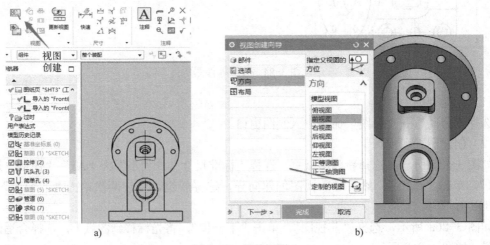

a)

b)

图 3-87　调整视图 1

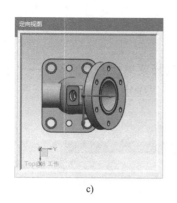
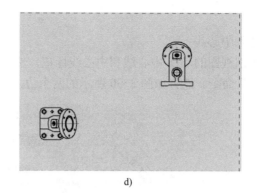

c)　　　　　　　　　　　　　　d)

图 3-87　调整视图 1（续）

按上面的方法再创建一个正等轴测图，如图 3-88 所示。

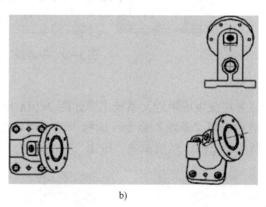

a)　　　　　　　　　　　　　　b)

图 3-88　调整视图 2

（3）全剖视图

如图 3-89a 所示，选择"全剖视图"命令，然后选择图 3-89a 箭头所指直线的中点。选择图 3-89b 中箭头所指的图标按钮，然后放置在图 3-89 左上角处位置。

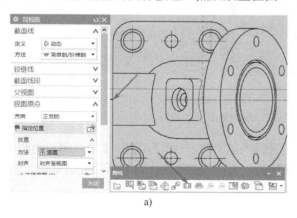
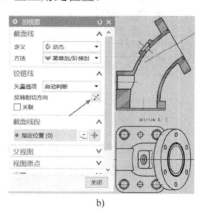

a)　　　　　　　　　　　　　　b)

图 3-89　全剖视图

（4）插入中心线

删除全剖视图的 3D 中心线和中心线标记，然后选择菜单栏的"插入"→"中心线"→"3D中心线"命令。选择如图 3-90 所示的两个边，单击"确定"按钮。

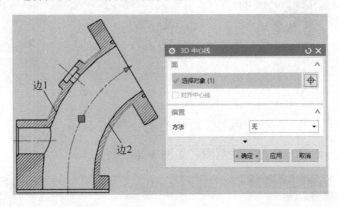

图 3-90　中心线

（5）局部剖

将光标放置在该视图附近，系统出现如图 3-91a 所示的黄色边框时单击，选择"活动草图"命令，然后选择"草图"命令，选择"艺术样条曲线"，"类型"选择"通过点"，绘制如图 3-91b 所示的草图，然后单击"确定"完成设置。

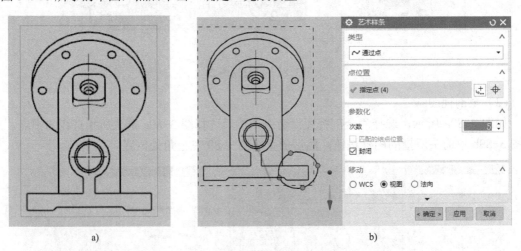

图 3-91　绘制草图

选择如图 3-92a 所示"局部剖"命令，选择的视图为上一步的视图，选择的基点为图 3-92b 中箭头所指圆的圆心，选择的矢量为系统默认，选择的曲线为上一步所绘制的草图。然后添加中心线，方法同上一步。

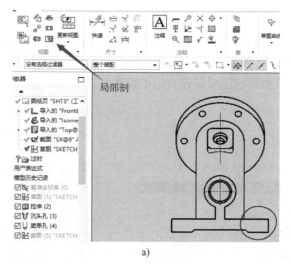

a)

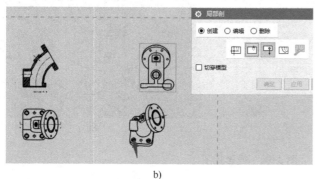

b)

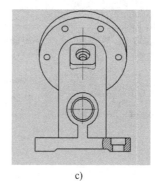

c)

图 3-92　局部剖

（6）局部放大视图

如图 3-93a 所示选择"局部放大图"命令，"类型"为"圆形"，然后选择图 3-93a 中箭头所指圆的圆心，"比例"选择"2：1"，然后将放大后的视图放在如图 3-93b 所示的位置。

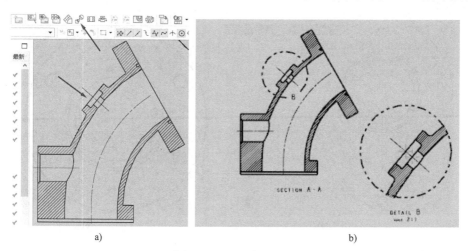

a)   b)

图 3-93　局部放大视图

（7）投影视图

如图 3-94a 所示的"投影视图"对话框中，"父视图"选择该剖视图，矢量选择"已定义"，矢量的类型选择两点（如图 3-94a 中箭头所指的位置），如方向不对就选择"反转投影方向"图标按钮，然后将所得视图放置在合适的位置如图 3-94b 所示。

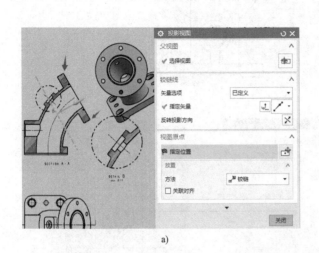
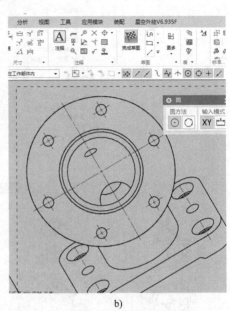

a)   b)

图 3-94　投影视图

将该投影视图设置为活动草图，选择"草图"命令，选择"圆"，绘制一个和最外面大圆一样大的圆，如图 3-94b 所示，完成草图后将光标放置在该视图附近，如图 3-95a 所示出现黄色边框后右击，选择"边界跳出视图边界"对话框，选择图 3-95a 中箭头所指命令，然后单击上一步绘制的草图，单击"确定"按钮，再删除 3D 中心线，完成后的效果，如图 3-95c 所示。

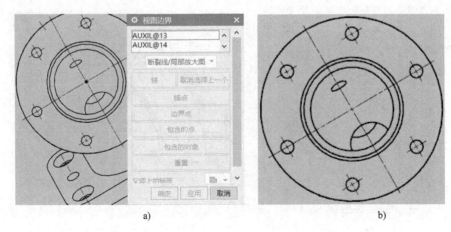

a)   b)

图 3-95　投影视图

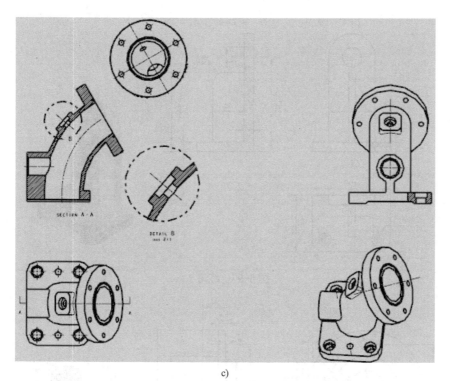

c)

图 3-95　投影视图（续）

3.4　实例演练及拓展

有以下 6 个练习供读者进行演练和拓展。

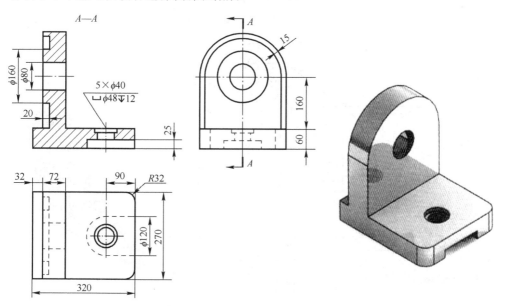

图 3-96　练习 1

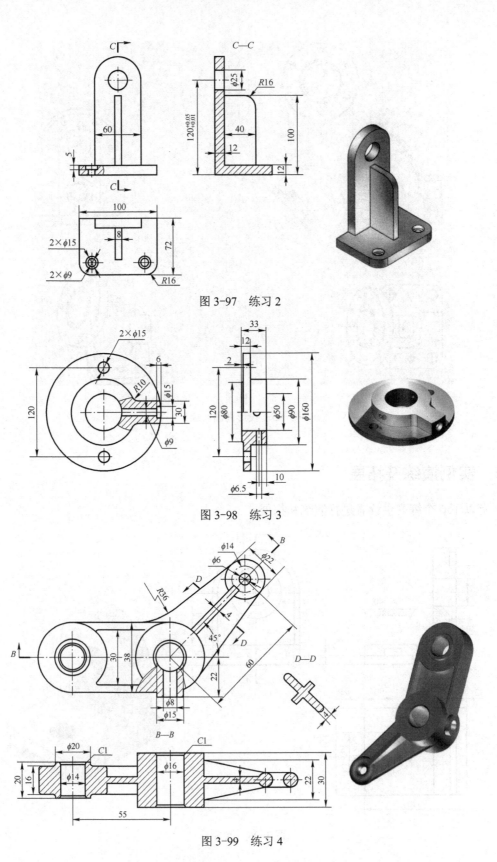

图 3-97　练习 2

图 3-98　练习 3

图 3-99　练习 4

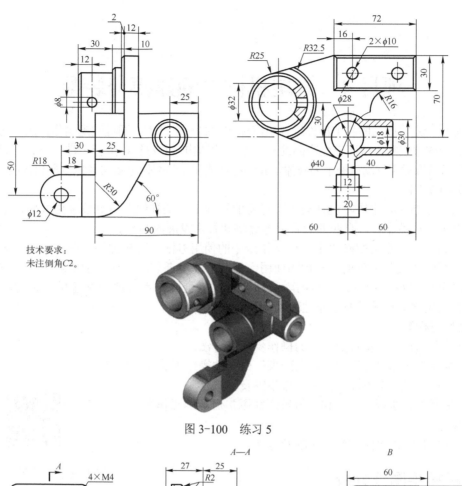

图 3-100　练习 5

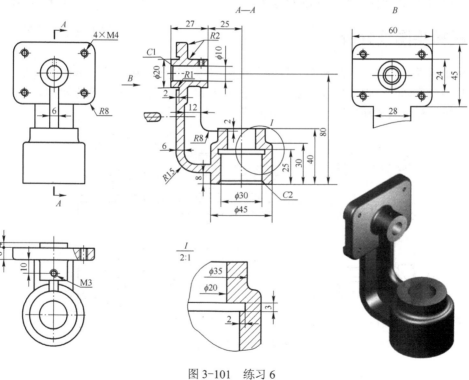

图 3-101　练习 6

项目4　扭尾机械手的建模与装配

装配设计是将产品的各个部件进行组织和定位的一个过程。通过装配操作，用户可以在计算机上完成虚拟装配，从而形成产品的一个部件的结构，并对结构进行干涉检查、生成爆炸图等。本项目选取通用气动机械手为载体，介绍组件装配及装配体出图的基本步骤和方法。

【项目内容】

在习近平新时代中国特色社会主义思想的指导下，实施职业教育数字化战略，培养数字人才，助力产业数字化，是职业教育服务经济和技术发展的必然。

本项目重点介绍装配模块中各种操作命令的使用方法，装配结构的分析，建模方法，装配约束、爆炸图及装配查询与分析的使用，使读者能掌握装配操作的主要功能，完成一个完整的虚拟装配过程。通过该项目的学习，读者可以全面、系统地理解建模、装配的完整过程，理解通用气动机械手的工作过程。

【项目目标】

1）掌握创建、编辑装配过程的操作步骤及方法。

2）掌握"添加组件"和"装配约束"命令的操作方法及应用技巧。

3）掌握创建、编辑爆炸图的操作步骤及方法。

4）掌握"新建爆炸图"和"编辑爆炸图"命令的操作方法及应用技巧。

5）掌握装配体出图的操作步骤及方法。

码4-1　扭尾机械手运动仿真

4.1　机械手图纸分析

扭尾机械手（图4-1）为S型软糖包装机的扭尾装置中的机械手。其中滚轮7由凸轮摆杆控制其向前运动时，带动齿条轴6向前使钳爪1和3张开；滚轮向后运动时，钳爪闭合。另一个凸轮摆杆带动滑动齿轮5，使整个机械手发生轴向移动。

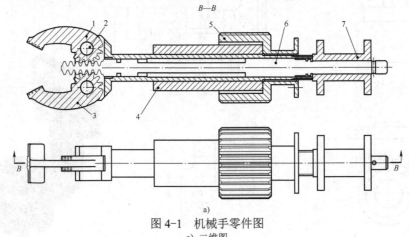

a)

图4-1　机械手零件图

a) 二维图

1，3—钳爪　2—销钉　4—圆柱销　5—滑动齿轮　6—齿条轴　7—固定盘

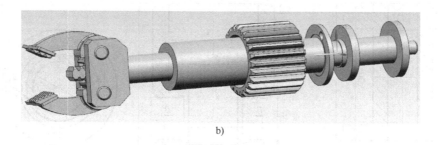

b)

图 4-1　机械手零件图（续）

b) 装配图

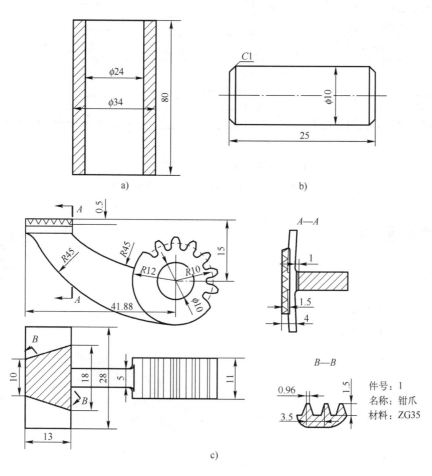

a)　　　　　　　　　　　　　　　　b)

c)

图 4-2　机械手各部件的零件图

a) 零件 4 圆柱销　b) 零件 2 销钉　c) 零件 1、3 钳爪

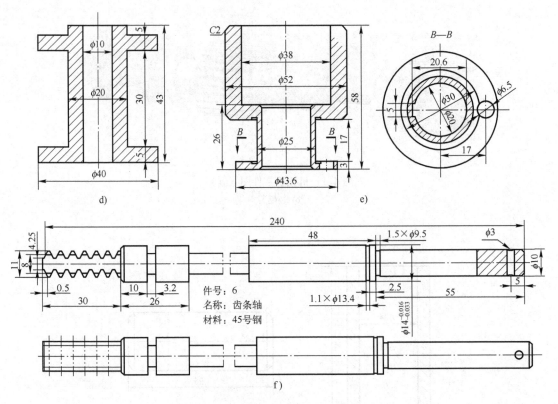

图 4-2　机械手各部件的零件图（续）

d) 零件 7 固定盘　e) 零件 5 滑动齿轮　f) 零件 6 齿条轴

4.2　部件建模过程

4.2.1　销钉建模

（1）打开销钉 2 零件图

销钉图纸如图 4-3 所示。

码 4-2　销钉建模

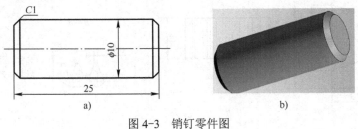

图 4-3　销钉零件图

a) 二维图　b) 三维图

（2）绘制草图

选择菜单栏的"插入"→"在任务环境中绘制草图"命令，选择 X-Y 平面为草图平面，绘制草图，以 X-Y 平面的圆为圆心绘制直径为 10mm 的圆，如图 4-4a 所示。

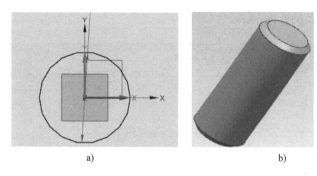

图 4-4　绘制草图

（3）拉伸草图

选择菜单栏的"插入"→"设计特征"→"拉伸"命令，选择上一步绘制的草图，指定的矢量为 Y 轴，距离为"25"。

（4）倒斜角

选择菜单栏的"插入"→"细节特征"→"倒斜角"命令，选择轴的两端进行倒斜角，距离为"1"，如图 4-4b 所示。

4.2.2　齿条轴建模

（1）打开齿条轴零件图。

齿条轴图纸如图 4-5 所示。

码 4-3　齿条轴建模

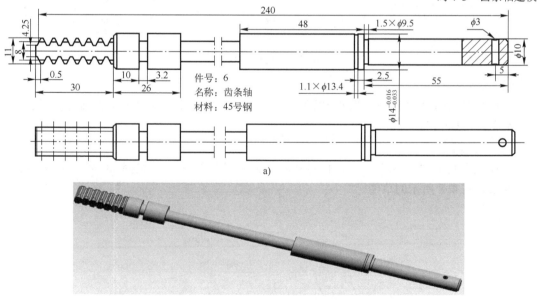

图 4-5　齿条轴零件图

a) 二维图　b) 三维图

（2）绘制草图

选择菜单栏的"插入"→"在任务环境中绘制草图"命令，选择 X-Y 平面为草图平

133

面，绘制如图 4-6 所示的草图。

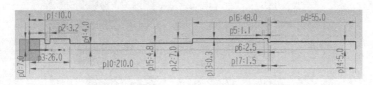

图 4-6　绘制草图 1

（3）旋转草图 1

选择菜单栏的"插入"→"设计特征"→"旋转"命令。选择上一步绘制的草图，指定矢量为 X 轴，指定点为坐标原点，开始的值为"0"，结束的值为"360"，单击"确定"按钮，如图 4-7 所示。

图 4-7　旋转草图 1

（4）倒角

选择菜单栏的"插入"→"细节特征"→"倒斜角"命令，选择轴的两端对其进行倒斜角，距离为"1mm"。

（5）绘制草图 2

选择菜单栏的"插入"→"在任务环境中绘制草图"命令。选择 X-Y 平面为草图平面，绘制如图 4-8 所示的草图。

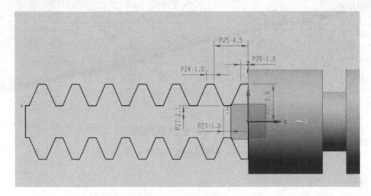

图 4-8　绘制草图 2

（6）拉伸草图2

选择菜单栏的"插入"→"设计特征"→"拉伸"命令，选择上一步绘制的草图，指定矢量为Y轴，开始的值为"-5.5"，结束的值为"5.5"，"布尔"为"求和"。单击"确定"按钮，如图4-9a所示。

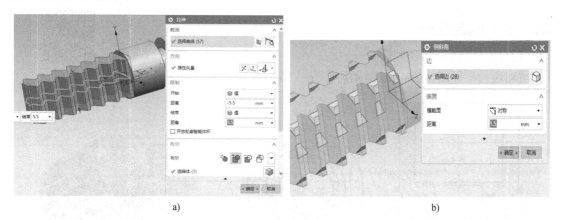

a)

图4-9　拉伸和倒斜角

a) 拉伸　b) 倒斜角

（7）倒斜角

选择菜单栏的"插入"→"细节特征"→"倒斜角"命令，选择上一步拉伸得到的几个齿对其进行倒斜角，距离为"1.5mm"，如图4-9b所示。

（8）绘制草图3

选择菜单栏的"插入"→"在任务环境中绘制草图"命令，选择X-Y平面为草图平面，绘制如图4-10a所示的草图。

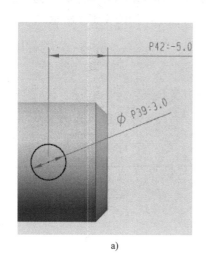

a)

b)

图4-10　草图3的绘制与拉伸

a) 绘制草图3　b) 拉伸草图3

（9）拉伸

选择菜单栏的"插入"→"设计特征"→"拉伸"命令。选择上一步绘制的草图 3，指定矢量为 Z 轴，结束的值为对称值"6mm"，"布尔"为"求差"，单击"确定"，如图 4-10b 所示。

4.2.3 滑动齿轮建模

（1）打开滑动齿轮零件图

滑动齿轮零件图如图 4-11 所示。

码 4-4　滑动齿轮建模

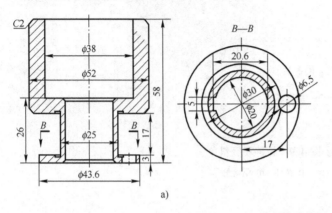

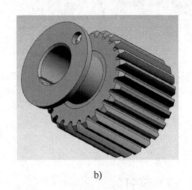

图 4-11　滑动齿轮零件图

a）二维图　b）三维图

（2）绘制草图 1

选择菜单栏的"GC 工具箱"→"齿轮建模"→"柱齿轮"命令。创建齿轮选择为直齿轮，单击"确定"按钮。名称为字母加数字形式，"模数"为"2mm"，"牙数"为"24mm"，"齿宽"为"38mm"，"压力角"为"20°"，单击"确定"按钮，如图 4-12a 所示。

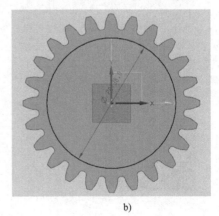

图 4-12　绘制草图 1

a）齿轮建模　b）绘制草图

选择菜单栏的"插入"→"在任务环境中绘制草图"命令。选择 X-Y 平面为草图平面，绘制如图 4-12b 所示的草图，其圆心点为草图原点，圆的直径为"38mm"。

（3）拉伸草图

选择菜单栏的"插入"→"设计特征"→"拉伸"命令。选择上一步绘制的草图，指定矢量为 Z 轴，开始的值为"2mm"，结束的值为"32mm"，"布尔"为"求差"。单击"确定"按钮，如图 4-13a 所示。

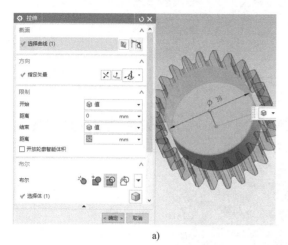
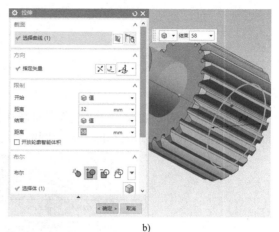

a)

b)

图 4-13　拉伸 1

a) 拉伸 1　b) 拉伸 2

继续拉伸时，选择的曲线还是已绘制的直径 38mm 的圆，矢量是 Z 轴，开始的值为"32mm"，结束的值为"58mm"，"布尔"选择"求和"，如图 4-13b 所示。再次拉伸时，步骤与上一步相同，增加单侧偏置，"结束"为"-9"，"布尔"选择"求差"，如图 4-14 所示。

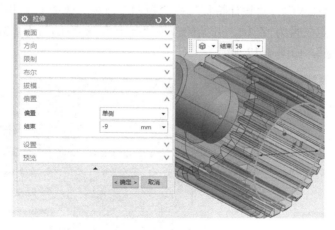

图 4-14　拉伸 3

（4）倒角

选择菜单栏的"插入"→"细节特征"→"倒斜角"命令，选择上一步所获形体的两个端面，距离为"1"，如图 4-15 所示。

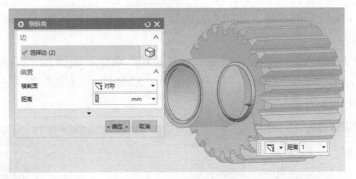

图 4-15　倒角

（5）绘制草图 2

选择菜单栏的"插入"→"在任务环境中绘制草图"命令。选择箭头所指平面为草图平面，绘制如图 4-16 所示的草图，其中圆的直径为 87.2mm。

图 4-16　绘制草图 2

（6）拉伸草图 2

选择菜单栏的"插入"→"设计特征"→"拉伸"命令。选择上一步绘制的草图和直径为 38mm 的圆，指定矢量为-Z 轴，开始的值为"0mm"，结束的值为"3mm"，"布尔"为"求和"，单击"确定"，如图 4-17 所示。

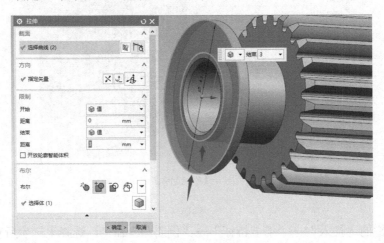

图 4-17　拉伸 4

（7）再次拉伸草图 2

选择箭头所指的圆和另一侧的圆，"指定矢量"为 Z 轴，开始的值为"-0.5"，结束的值为"0.5"，"布尔"为"求差"，偏置为"两侧"，开始的值为"2.5"，结束为"0"，单击"确定"按钮如图 4-18 所示。

图 4-18　拉伸 5

（8）绘制草图 3

选择菜单栏的"插入"→"在任务环境中绘制草图"命令。绘制图 4-19 所示的草图，它是圆心在 X 轴上，距离 X 轴为 17mm，直径为 8.5mm 的圆。

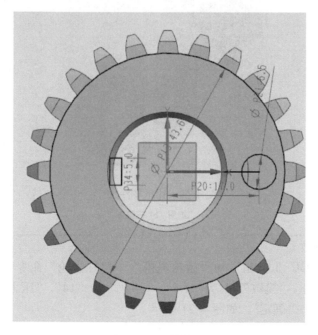

图 4-19　绘制草图 3

（9）拉伸 6

选择上一步绘制圆，指定矢量为"-Z"，距离为"10mm"，"布尔"选择"求差"，完成拉伸。选择图 4-19 中绘制的长方形，指定矢量为 "-Z"，距离为 "30mm"，再进行 "布尔"
选择 "求差"。

4.2.4 钳爪建模

（1）打开钳爪零件图

钳爪零件图如图 4-20 所示。

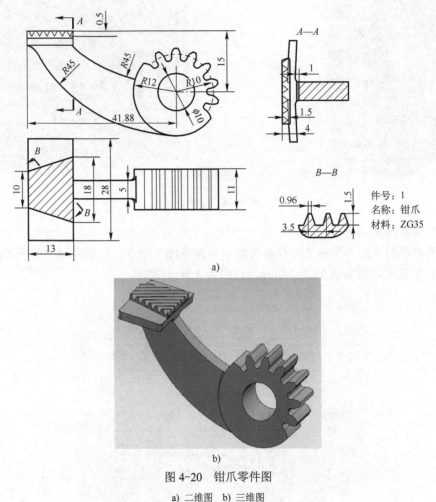

图 4-20 钳爪零件图

a) 二维图 b) 三维图

（2）设置齿轮参数

选择菜单栏的 "GC 工具箱" → "齿轮建模" → "柱齿轮" 命令。创建的齿轮为直齿
轮，单击 "确定" 按钮。"模数" M 为 "1.5"，"牙数" 为 "14"，"压力角" 为 "20°"，"齿
宽" 为 "11mm"，单击 "确定"，如图 4-21 所示。

（3）绘制草图 1

选择菜单栏的 "插入" → "在任务环境中绘制草图" 命令。选择 X-Y 所示平面为草图
平面，绘制如图 4-22 所示的草图。

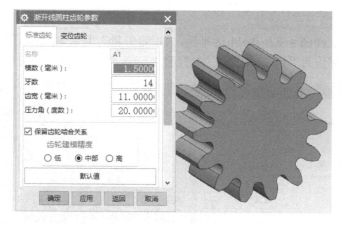

图 4-21　齿轮参数设置

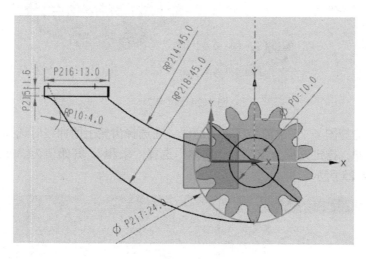

图 4-22　绘制草图 1

（4）对草图进行拉伸

选择菜单栏的"插入"→"设计特征"→"拉伸"命令。选择箭头所指的两条线，指定矢量为 Z 轴，"布尔"选择"求和"，开始值为"0"，结束值为"11"，如图 4-23 所示。

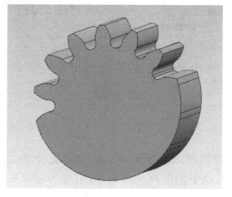

图 4-23　拉伸 1

继续拉伸时，选择图 4-22 中 $\phi24$ 的半圆，"指定矢量"为 Z 轴，"布尔"选择"求差"，开始值为"0"，结束值为"11"，如图 4-24 所示。

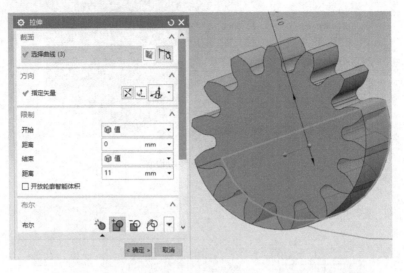

图 4-24 拉伸 2

继续拉伸，选择图 4-25 中箭头所指的曲线，在选择齿轮上的曲线时选择"单条曲线"，在连接处停止拉伸。指定矢量为 Z 轴，"布尔"选择"求和"，开始值为"0mm"，结束值为"11mm"，如图 4-25 所示。

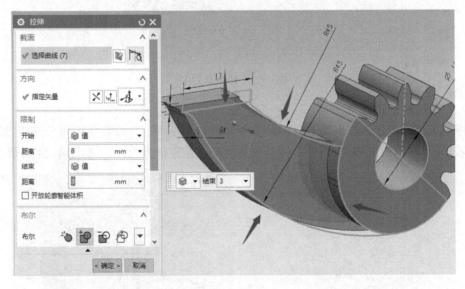

图 4-25 拉伸 3

继续拉伸时，选择图 4-26 中箭头所指的长方形，"指定矢量"为 Z 轴，开始的距离为"-8.5mm"结束的距离为"19.5mm"，"布尔"选择"求和"，如图 4-26a 所示。完成后效果如图 4-26b 所示。

a)

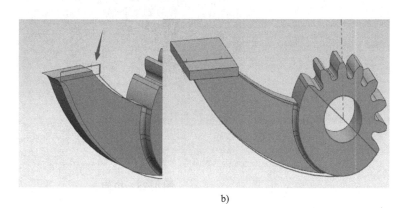

b)

图 4-26　拉伸 4

（5）边倒圆

选择菜单栏的"插入"→"细节特征"→"边倒圆"命令。选择上一步拉伸得到的长方体顶端 4 个边的角，半径为"1"。

（6）绘制草图

选择菜单栏的"插入"→"在任务环境中绘制草图"命令，选择箭头所指平面（X-Y）为草图平面，绘制的草图，如图 4-27a 所示。

（7）拉伸

选择上一步得到的草图，绘制两个图形，"指定矢量"为 X 轴，开始的距离为"0mm"结束的距离为"13mm"，"布尔"选择"求差"，如图 4-27b 所示。

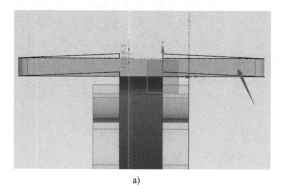

a)

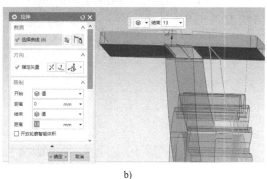

b)

图 4-27　绘制草图 2

a) 绘制草图　b) 拉伸

继续拉伸时，选择上一步绘制的两个图形，"指定矢量"为 X 轴，开始的距离为"0mm"，结束的距离为"13mm"，"布尔"选择"求和"。

再在长方形上表面绘制如图 4-28 所示的草图。

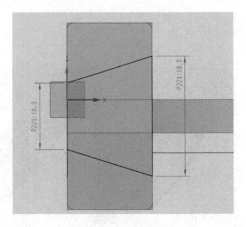

图 4-28　拉伸 5

拉伸时，选择上一步绘制的草图，"指定矢量"为 Y 轴，开始的距离为"0mm"结束的距离为"2mm"，"布尔"为"求和"。

（8）创建基准平面

选择菜单栏的"插入"→"基准"→"基准平面"命令，选择 X-Y 平面，类型为"成一角度"，角度为"45°"，如图 4-29a 所示。

（9）创建草图

以刚创建的面为基准平面，绘制如图 4-29b 所示的草图。

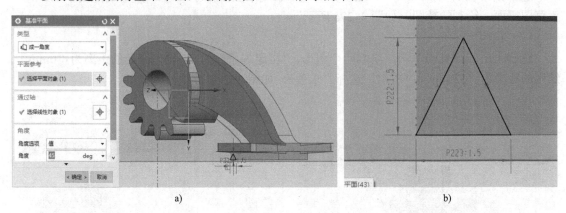

a)　　　　　　　　　　　　　　　　　　　b)

图 4-29　绘制草图 3

a) 创建基准平面　b) 绘制草图

（10）拉伸 6

选择上一步绘制的草图，指定的矢量为此草图平面的法线方向，开始的距离为"18mm"，结束的距离为"42mm"，"布尔"选择"求差"，如图 4-30a 所示。

（11）阵列

选择菜单栏的"插入"→"关联复制"→"阵列特征"命令。选择的特征为上一步拉伸得到的形体，布局选择"线性"，指定的矢量选择两点之间，选择的两点为图 4-30b 中箭头所指的两点，选择的间距为"数量和节距"，数量为"20"，节距为"2mm"，如图 4-30b 所示。

a)   b)

图 4-30　拉伸 6

a) 拉伸　b) 阵列特征

（12）边倒圆

选择图 4-31 所示的四条边对其进行倒圆角，选择的半径为 "1"。

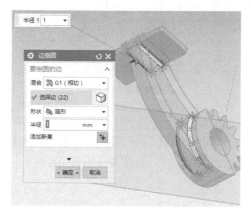

图 4-31　阵列后对边倒圆角

4.2.5　固定盘建模

（1）打开固定盘零件图

固定盘零件图如图 4-32 所示。

码 4-6　固定盘建模

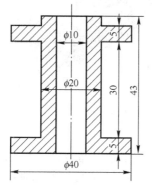

图 4-32　固定盘

（2）绘制草图

选择菜单栏的"插入"→"在任务环境中绘制草图"命令，选择 X-Y 平面为草图平面，绘制如图 4-33a 所示的草图。

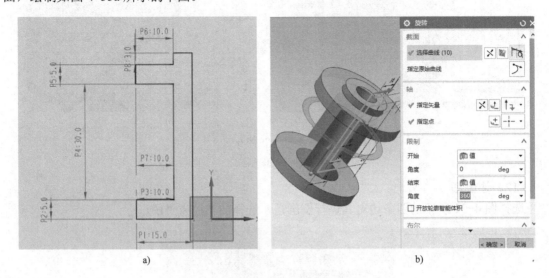

图 4-33 草图的绘制和旋转

a) 绘制草图　b) 旋转

（3）旋转

选择菜单栏的"插入"→"设计特征"→"旋转"命令，选择上一步绘制的草图，指定矢量为 Y 轴，选择的轴点为原点（0,0,0），如图 4-33b 所示。

4.2.6 圆柱销建模

（1）打开圆柱销零件图

圆柱销零件图如图 4-34 所示。

码 4-7 圆柱销建模

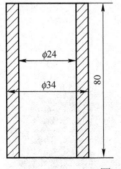

图 4-34 圆柱销零件图

（2）绘制草图

选择菜单栏的"插入"→"在任务环境中绘制草图"命令，选择 X-Y 平面为草图平面，以草图原点为圆心绘制直径为 24mm 和 34mm 的圆，完成后对其进行拉伸。指定矢量为 Z 轴，开始距离为"0mm"，结束距离为"80mm"。

4.3 机械手的装配

码 4-8 扭尾机械手装配

（1）于绝对原点处添加部件

添加部件，选择"扭结轴"，放置的位置为"绝对原点"，单击"应用"，如图 4-35 所示。单击"装配约束"，选择的类型为"固定"，选择的对象为"扭结轴"，如图 4-36 所示。

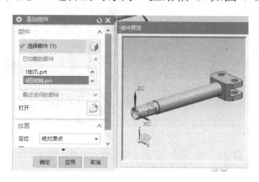

图 4-35 添加部件

图 4-36 约束类型

（2）使用装配约束方式添加部件

添加齿条轴，放置的位置为"通过约束"，约束的类型为"同心"，选择图 4-37a 箭头所指的两个圆。

选择"移动组件"，所选择的组件为齿条轴，指定矢量为 Y 轴，指定的轴点为原点，角度为 90°，如图 4-37b 所示。

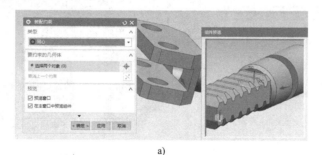

a)

b)

图 4-37 装配约束 1

再次添加组件时，选择的组件为钳爪，选择放置的位置为"通过约束"，约束类型为"同心"，选择的圆为图 4-38a 中箭头所指的两个圆。

选择"移动组件"，所选择的组件为钳爪，"运动"为"角度"，指定矢量为 Z 轴，指定的轴点为图 4-38b 所示点，"角度"为"−70°"。

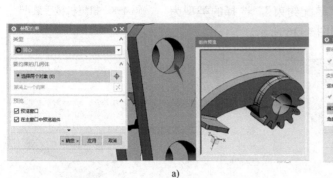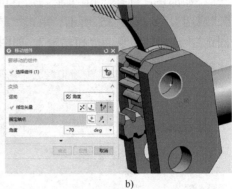

a)   b)

图 4-38　装配约束 2

a) 同心约束　b) 移动对象

（3）对另一边也添加钳爪

在两个孔之间添加销钉，放置的位置还是"通过约束"，约束的类型还是"同心"。再添加滑动齿轮，放置的位置为"通过约束"，约束的类型为"同心"，选择如图 4-39 中箭头所指的两个圆，如果位置不对就单击撤销上一个约束的按钮。

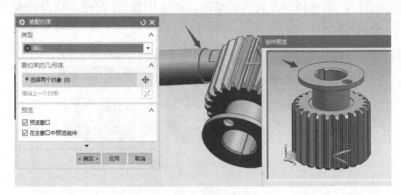

图 4-39　装配约束 3

添加固定盘和圆柱销时，其操作方式与上一步一样，完成设置后效果如图 4-39 所示。

4.4　车轮建模与装配

4.4.1　车轮图纸分析

车轮整体零件图如图 4-40 所示，各部件的零件图如图 4-41 所示。

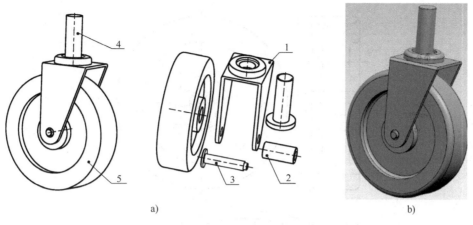

图 4-40　车轮整体零件图

a) 三维图　b) 实体图

1—支架　2—轴　3—销钉　4—螺钉　5—滚轮

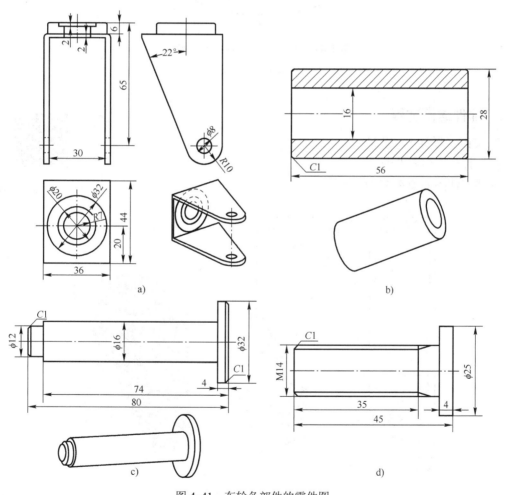

图 4-41　车轮各部件的零件图

a) 支架（零件 1）　b) 轴（零件 2）　c) 销钉（零件 3）　d) 螺钉（零件 4）

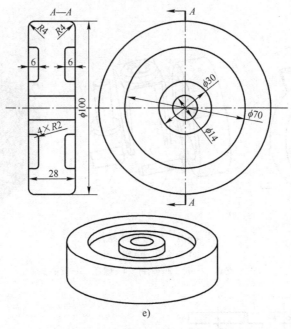

e)

图 4-41　车轮各部件的零件图（续）

e) 滚轮（零件 5）

4.4.2　部件建模过程

1. 支架（零件 1）建模

（1）打开支架零件图

支架零件图如图 4-42 所示。

码 4-9　支架建模

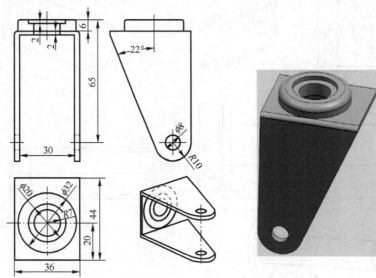

图 4-42　支架零件图

（2）创建草图1

选择菜单栏的"插入"→"在任务环境中绘制草图"命令，"草图类型"选择"在平面上"，"草图平面"的"平面方法"为"自动判断"，一般选用 X-Y 平面（如果不是该设置需手动选择为 X-Y 平面），"设置里 3 个选项全部勾选，单击"确定"按钮然后进入草图环境，如图 4-43a 所示。以坐标系为原点，绘制 44mm×36mm 的矩形，绘制直径为 6mm 的圆，如图 4-43b 所示。绘制完成后，单击"完成"按钮，退出草图环境。

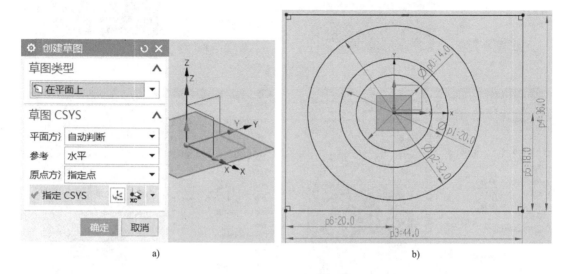

a)   b)

图 4-43　创建草图 1

a) 创建草图参数　b) 草图绘制

（3）拉伸1

选择菜单栏的"插入"→"设计特征"→"拉伸"命令，这个零件需要 4 次拉伸，第一次拉伸如图 4-44a 所示，指定矢量为 Z 轴，开始的距离为"0mm"，结束的距离为"2mm"，"布尔"选择"无"，单击"确定"按钮完成拉伸；第二次拉伸如图 4-44b 所示，拉伸的曲线为直径 32mm 的圆，指定矢量为 Z 轴，开始的距离为"0mm"，结束的距离为"6mm"，"布尔"选择"求和"，单击"确定"按钮完成拉伸；第三次拉伸如图 4-44c 所示，指定矢量为Z 轴，开始的距离为"-11.5mm"，结束的距离为"10mm"，"布尔"选择"求差"，单击"确定"按钮完成拉伸；第四次拉伸如图 4-44d 所示，选择直径"14mm"和"20mm"的两个圆，指定矢量为 Z 轴，开始的距离为"4mm"，结束的距离为"10mm"。"布尔"选择"求差"，单击"确定"按钮完成拉伸。

（4）创建草图2

选择菜单栏的"插入"→"在任务环境中绘制草图"命令，"草图类型"选择"在平面上"，单击"确定"按钮，如图 4-45a 所示；然后进入草图环境，绘制如图 4-45b 所示的草图。

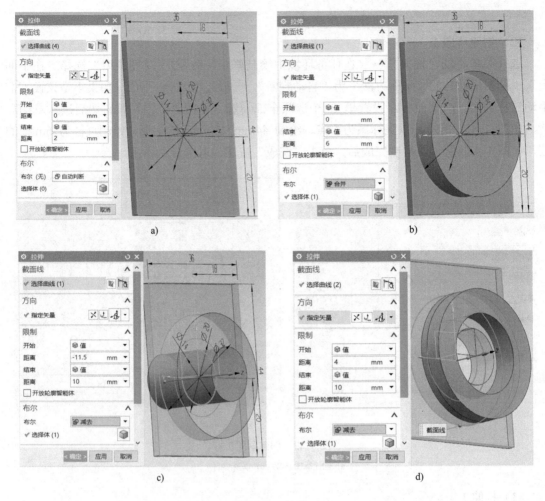

图 4-44 拉伸 1

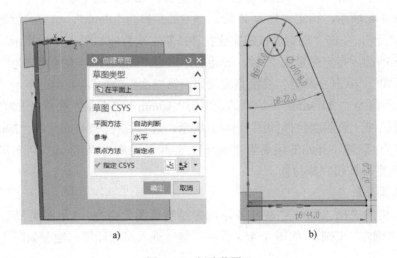

图 4-45 创建草图 2

a) 创建草图参数　b) 绘制草图

（5）拉伸 2

选择菜单栏的"插入"→"设计特征"→"拉伸"命令，选择上一步绘制的草图，指定矢量为 Z 轴，开始的距离为"0mm"，结束的距离为"3mm"。"布尔"选择"求和"，单击"确定"按钮完成拉伸，如图 4-46 所示。

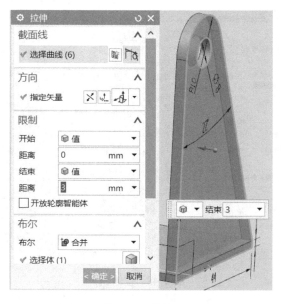

图 4-46　拉伸 2

（6）投影曲线

选择菜单栏的"插入"→"派生曲线"→"投影"命令，选择所要投影的曲线，指定投影平面如图 4-47a，"距离"为"30"，单击"确定"按钮，如图 4-47b 所示。

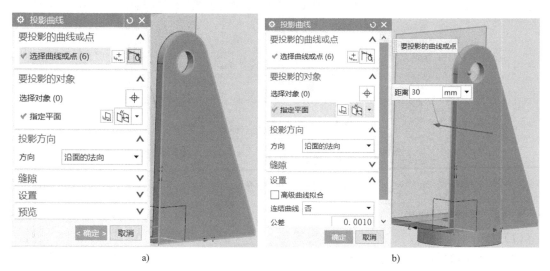

a)　　　　　　　　　　　　　　　　　　　b)

图 4-47　投影曲线

a) 选择投影曲线　b) 指定平面和距离

（7）拉伸 3

选择菜单栏的"插入"→"设计特征"→"拉伸"命令，选择上一步绘制的草图，指定矢量为 Z 轴，开始的距离为"0mm"，结束的距离为"3mm"。"布尔"选择"求和"，单击"确定"按钮完成拉伸，如图 4-48 所示。

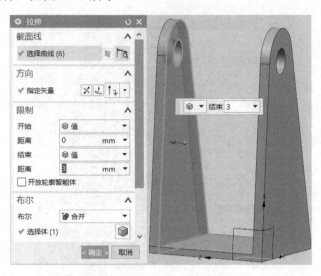

图 4-48　拉伸 3

（8）倒角

选择菜单栏的"插入"→"细节特征"→"边倒圆"命令，半径设为"2mm"，如图 4-49 所示。

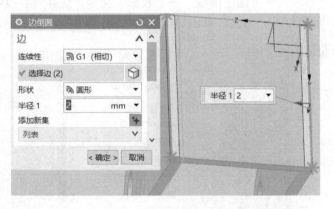

图 4-49　倒角

2. 轴（零件 2）建模

（1）打开轴零件图

轴的零件图如图 4-50 所示。

（2）创建草图

选择菜单栏的"插入"→"在任务环境中绘制草图"命令，完成相关设置后单击"确定"按钮，然后进入草图环境，绘制如图 4-51 所示的草图。

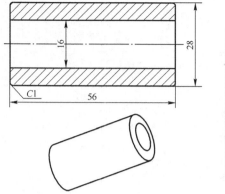

图 4-50 轴零件图

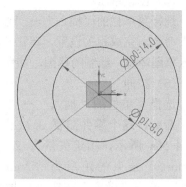

图 4-51 创建草图

（3）对草图进行拉伸

选择菜单栏的"插入"→"设计特征"→"拉伸"命令，如图 4-52 所示指定矢量为 Z 轴，开始的距离为"0mm"，结束的距离为"28mm"。"布尔"选择"无"，单击"确定"按钮完成拉伸，如图 4-52 所示。

（4）倒斜角

选择菜单栏的"插入"→"细节特征"→"倒斜角"命令，距离设为"0.5mm"，如图 4-53 所示。

图 4-52 对草图进行拉伸

图 4-53 倒斜角

3. 销钉（零件 3）建模

（1）打开销钉零件图

销钉零件图如图 4-54 所示。

码 4-10 销钉建模

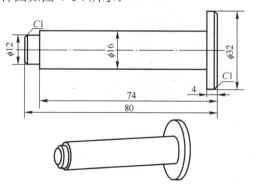

图 4-54 零件 3 销钉

（2）创建草图

选择菜单栏的"插入"→"在任务环境中绘制草图"命令，完成相关设置，单击"确定"按钮，然后进入草图环境，绘制的草图，如图 4-55 所示。

（3）拉伸

选择菜单栏的"插入"→"设计特征"→"拉伸"命令，这个零件需要 3 次拉伸，第一次拉伸如图 4-56a 所示，指定矢量为 Z 轴，开始的距离为"0mm"，结束的距离为"2mm"，"布尔"选择"无"，单击"确定"按钮完成拉伸；第二次拉伸如图 4-56b 所示，指定矢量为 Z 轴，开始的距离为

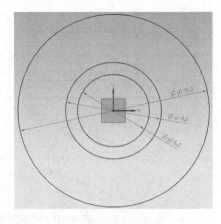

图 4-55 绘制草图

"2mm"，结束的距离为"37mm"，"布尔"选择"求和"，单击"确定"按钮完成拉伸；第三次拉伸如图 4-56c 所示，指定矢量为 Z 轴，开始的距离为"37mm"，结束的距离为"40mm"，"布尔"选择"求和"，单击"确定"按钮完成拉伸。

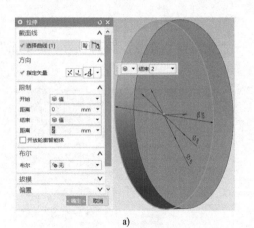

a)

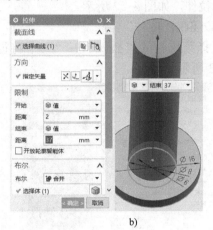

b)

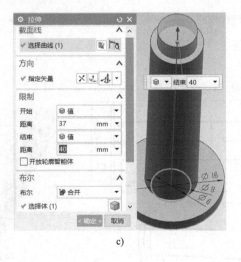

c)

图 4-56 拉伸

（4）倒角

选择菜单栏的"插入"→"细节特征"→"倒斜角"命令，距离设为"0.5mm"，如图 4-57 所示。

图 4-57　倒角

4. 螺钉（零件 4）建模

（1）打开螺钉零件图

螺钉零件图如图 4-58 所示。

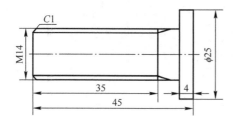

图 4-58　螺钉零件图

（2）创建草图

选择菜单栏的"插入"→"在任务环境中绘制草图"命令，完成相关设置，单击"确定"按钮，然后进入草图环境，绘制草图，如图 4-59 所示。

（3）对草图进行拉伸

选择菜单栏的"插入"→"设计特征"→"拉伸"命令，这个零件需要两次拉伸，第一次拉伸如图 4-60a 所示，指定矢量为 Z 轴，开始的距离为"0mm"，结束的距离为"4mm"，"布尔"选择"无"，单击"确定"按钮完成拉伸；第二次拉伸如图 4-60b 所示，指定矢量为 Z 轴，开始的距离为"3mm"，结束的距离为"45mm"，"布尔"选择"求和"，单击"确定"按钮完成拉伸。

码 4-11　螺钉建模

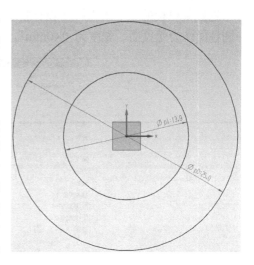

图 4-59　绘制草图

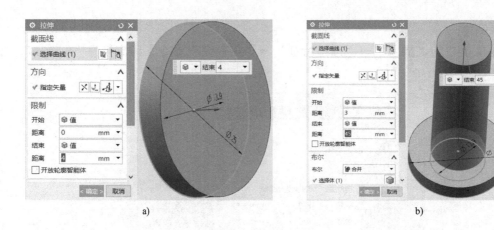

a)

b)

图 4-60 对草图进行拉伸

（4）倒角

选择菜单栏的"插入"→"细节特征"→"倒斜角"命令，距离设为"0.5mm"，如图 4-61 所示。

图 4-61 倒角

（5）创建螺纹

选择菜单栏的"插入"→"设计特征"→"螺纹"命令，选择"符号"螺纹类型，选择外圆柱面作为螺纹面，长度为"40mm"，单击"确定"按钮，如图 4-62 所示。

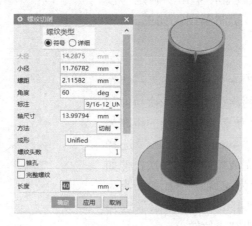

图 4-62 创建螺纹

5. 滚轮（零件5）建模

（1）打开滚轮零件图

滚轮零件图如图4-63所示。

码4-12　滚轮建模

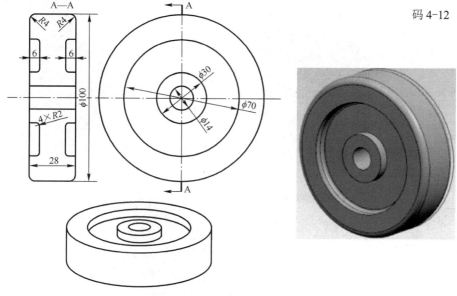

图4-63　滚轮零件图

（2）创建草图

选择菜单栏的"插入"→"在任务环境中绘制草图"命令，完成相关设置，单击"确定"按钮，然后进入草图环境，绘制草图，如图4-64所示。

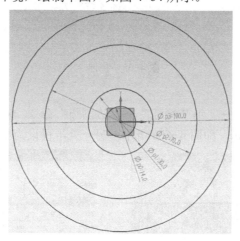

图4-64　绘制草图

（3）对草图进行拉伸

选择菜单栏的"插入"→"设计特征"→"拉伸"命令，这个零件需要3次拉伸，第一次拉伸如图4-65a所示，指定矢量为Z轴，开始的距离为"0mm"，结束的距离为"28mm"，"布尔"选择"无"，单击"确定"按钮完成拉伸；第二次拉伸如图4-65b所示，指定矢量为Z轴，开始的距离为"0mm"，结束的距离为"6mm"，"布尔"选择"求差"，单击"确定"

按钮完成拉伸；第三次拉伸如图 4-65c 所示，指定矢量为 Z 轴，开始的距离为 "28mm"，结束的距离为 "22mm"，"布尔" 选择 "求差"，单击 "确定" 按钮完成拉伸。

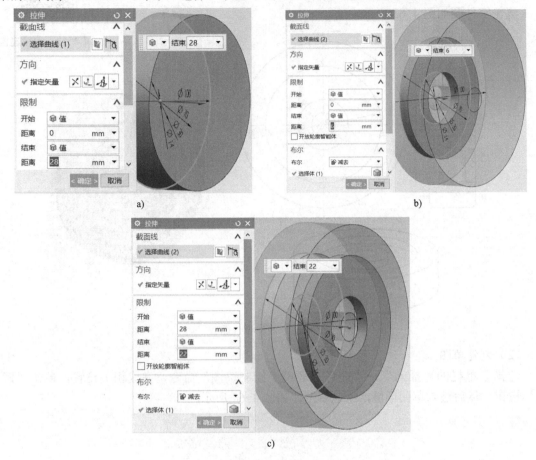

a)

b)

c)

图 4-65   拉伸

（4）倒角

选择菜单栏的 "插入" → "细节特征" → "边倒圆" 命令。对两处箭头所指的边进行倒圆角，第一处半径设为 4mm，如图 4-66a 所示，另一处半径设为 2mm，如图 4-66b 所示。

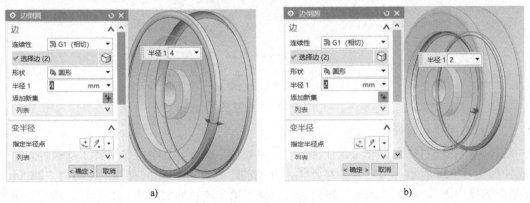

a)

b)

图 4-66   对边倒圆角

4.4.3 装配

（1）以绝对原点方式装配

选择"装配"→"添加"命令，打开支座模型，选择放置的位置为"绝对原点"，如图 4-67a 所示。选择"插入"→"装配"→"组件位置"→"装配 码4-13 装配约束"命令，选择的"类型"为"固定"，要约束的几何体为底座，完成后单击"确定"按钮，如图 4-67b 所示。

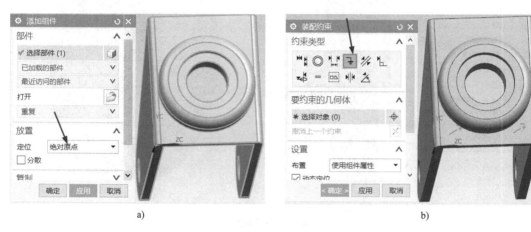

a)   b)

图 4-67　以绝对原点方式装配

（2）约束装配

选择"添加"命令，打开滚轮模型，选择放置的位置为"通过约束"，单击"确定"按钮。单击"装配约束"，选择同心，如图 4-68a 所示。装配约束的"类型"选择为"距离"，"距离"为"1"，单击"确定"按钮，如图 4-68b 所示。

a)   b)

图 4-68　约束装配

选择"添加"命令，打开部件模型，选择放置的位置为"通过约束"，选择"插入"→"装配"→"组件位置"→"移动组件"命令，选择需移动的轴，如图 4-69a 所示。选择的"装配约束"为"同心"，如图 4-69b 所示。

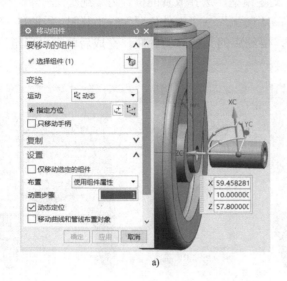 

图 4-69　同心装配 1

选择"添加"命令，打开销钉模型，选择放置的位置为"通过约束"，单击"确定"按钮。选择的"装配约束"为"同心"，如图 4-70所示。

选择"添加"命令，打开螺钉模型，选择放置的位置为"通过约束"，单击"确定"按钮。选择的"装配约束"为"同心"，如图 4-71所示。

图 4-70　同心装配 2

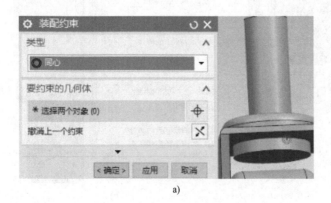 

图 4-71　同心装配 3

第2篇　机械手运动仿真

　　党的二十大报告指出，实施科教兴国战略，强化现代化建设的人才支撑。推进教育数字化，加快引导数字技术和实体经济的深度融合，培养复合型工程技术人才。

　　运动仿真是 UG 软件模块中的主要部分，它能对二维或三维机构进行复杂的运动学分析、动力分析和设计仿真。本教材第 1 篇中，通过 UG/Modeling 软件对不同机械手建立三维实体模型，本教材第 2 篇中，利用 UG/Motion 功能给三维实体模型的各个部件赋予一定的运动学特性，再在各个部件之间设立一定的连接关系即可建立一个运动仿真模型。用 UG 软件做运动仿真，可以很好地检验机械设计是否符合要求且合理。

项目 5　机械臂运动仿真

【项目内容】
固定连杆、装配导航器和定义运动副。
【项目目标】
了解 UG NX 10.0 机构运动仿真的基本操作过程。

码 5　机械臂运动仿真

5.1　运动环境

选择"应用模块"→"运动"命令，右击"运动导航器"里的"装配"，从系统弹出的菜单中选择"新建仿真"，系统弹出"环境"对话框，选择"动力学"，勾选"从新仿真开始"，单击"确定"按钮，如图 5-1 所示。此时，系统弹出机构运动副向导，单击"取消"按钮。

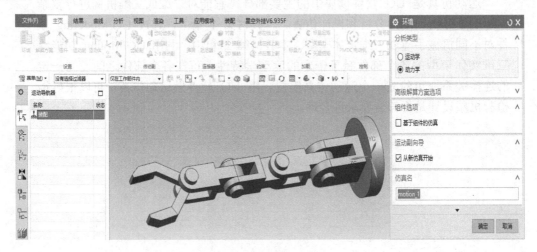

图 5-1　运动环境窗口

5.2　固定连杆

选择图 5-1 中"连杆"命令，在弹出的"连杆"对话框中选择底座，勾选"固定连杆"，单击"应用"按钮；然后单击箭头 1 所指的部件，不勾选"固定连杆"，单击"应用"按钮，然后单击箭头 2 所指的部件，单击"应用"按钮，如图 5-2a 所示。对图 5-2 中箭头3、4、5 所指的部件也是用同样的设置方法，最后在"运动导航器"中一共有 6 根连杆，如图 5-2b 所示。

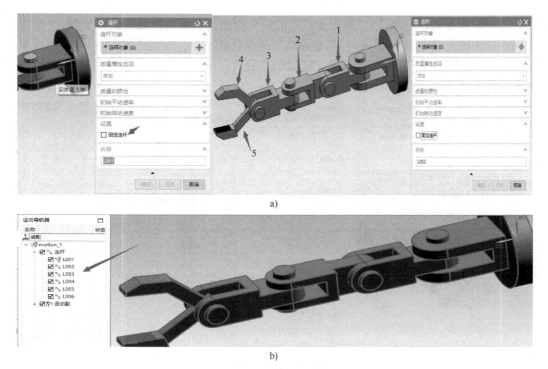

a)

b)

图 5-2 机械臂连杆

5.3 装配导航器

单击图 1-3 中箭头所指的命令，进入"装配导航器"窗口，将销钉 1 和销钉 2 前面的勾去掉，隐藏销钉，然后再一次回到"运动导航器"窗口，如图 5-3 所示。

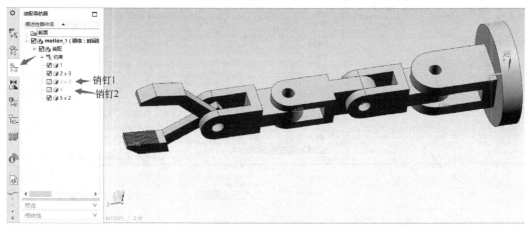

图 5-3 装配导航器

5.4 定义运动副

如图 5-4 所示，选择箭头所指的"运动副"命令，定义的类型为"旋转副"，操作里面的连杆选择箭头 1 所指的部件,"指定原点"为箭头所指的位置,指定矢量为 Y 轴。"基座"里面的连杆为箭头 2 所指的部件,"指定原点"同连杆的原点,指定矢量为 Y 轴。然后单击"联接"对话框上方的"驱动"选项卡,选择的"旋转"为"函数",然后单击箭头所指的图标按钮,进入"函数管理器"对话框。

图 5-4　定义运动副

如图 5-5 所示,单击箭头所指的"新建"图标按钮,"插入"选择"运动函数",然后选择 step 函数,输入的函数为 STEP(time, 0,20, 2,-5) + STEP(time,8,-5, 10,20),单击"确定"按钮。

图 5-5　函数管理器和编辑器

对另一个手指部件也按方法操作,唯一不同的是只需将指定的矢量变成-Y 即可。

如图 5-6 所示,设置"运动副"参数时,定义的类型为"旋转副","操作"里面的连杆选择箭头 3 所指的部件,原点如箭头所指的位置,指定矢量为 X 轴。"基座"里面的连杆为箭头 4

所指的部件，指定的原点同前，指定矢量为 X 轴。然后单击"联接"对话框上方的"驱动"选项卡，选择的"旋转"为"函数"，然后单击图 5-4 中箭头所指的选项卡，进入"函数管理器"对话框；选择图 5-5 中箭头所指的"新建"图标按钮，"插入"选择"运动函数"，然后选择最下面的 step 函数，输入函数 STEP(time,2,0, 4,90)，单击"确定"按钮。

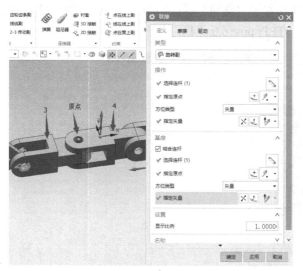

图 5-6　联接 1

　　如图 5-7 所示，设置"运动副"参数时，定义的类型为"旋转副"，"操作"里面的连杆选择箭头 5 所指的部件，原点如箭头所指，指定矢量为-Y 轴。"基座"里面的连杆为箭头 6 所指的部件，指定的原点如图 5-7 所示，指定的矢量为-Y 轴。然后单击"联接"对话框上方的"驱动"选项卡，选择的"旋转"为"函数"，然后单击箭头所指的图标按钮，进入"函数管理器"，选择图 5-7 中箭头所指的"新建"图标按钮，"插入"选择"运动函数"，然后选择最下面的 step 函数，输入函数 STEP(time,4,0,6,90)，单击"确定"按钮。

图 5-7　联接 2

如图 5-8 所示，设置"运动副"参数时，定义的类型为"旋转副"，"操作"里面的连杆选择箭头 7 所指的部件，原点如箭头所指的位置，指定矢量为 X 轴。"基座"里面的连杆为箭头 8 所指的部件，指定的原点如图 5-8 所示，指定矢量为 X 轴。然后单击"联接"对话框上方的"驱动"选项，选择的"旋转"为"函数"，然后单击图 5-4 中箭头所指的图标按钮，进入"函数管理器"对话框，选择箭头图 5-5 中所指的"新建"图标按钮，"插入"选择"运动函数"，然后选择最下面的 step 函数，输入函数 STEP(time,6,0,8,90)，单击"确定"。

图 5-8　联接 3

选择"插入"→"解算方案"命令，"解算方案"类型为"常规驱动"，"时间"为"10s"，"步数"为"5000"，单击"确定"按钮；然后选择"分析"→"运动"→"求解"命令，仿真完成，如图 5-9 所示。

图 5-9　解算方案

项目 6 通用气动机械手运动仿真

【项目内容】
指派连杆、定义运动副和定义耦合副。

【项目目标】
理解通用气动机械手通过 UG NX 10.0 实现运动仿真的基本操作过程。

码 6 气动机械手
运动仿真

6.1 运动环境

选择"应用模块"→"运动"命令，右击"运动导航器"里的"装配"，从系统弹出的菜单中选择"新建仿真"，系统弹出"环境"对话框，选择"运动学"，勾选"从新仿真开始"，单击"确定"按钮，如图 6-1 所示。

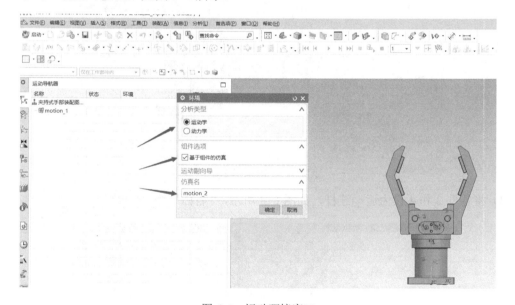

图 6-1 运动环境窗口

6.2 指派连杆

选择连杆之前需分析哪些是需要设为固定连杆，哪些设为运动连杆，哪些可以制作在一起，哪些是不需要设置的，该机械手的结构如图 6-2 所示。

（1）隐藏模型

此处将弹簧 3 隐藏，因为运动学中做不了柔性体仿真。

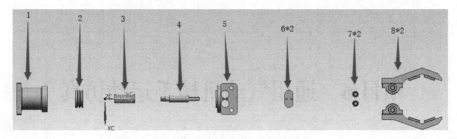

图 6-2 通用气动机械手结构

1—夹紧缸体 2—活塞 3—弹簧 4—齿条活塞杆 5—法兰盘座 6—盖板 7—带轴齿轮 8—卡爪

（2）指派固定连杆

1）单击"连杆" ，选择零件 1、5 和 6，勾选"固定连杆"，单击"应用"按钮，"名称"为"L001"。这些都属于缸体的部分而应该被固定，如图 6-3 所示。

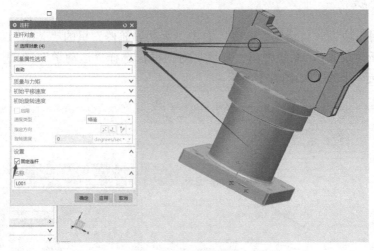

图 6-3 指派固定连杆

2）将零件 2 和 4 设为运动连杆，如图 6-4 所示，"名称"为"L002"。

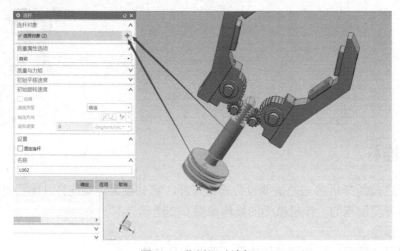

图 6-4 指派运动连杆 1

3）将两个零件 7 设为运动连杆，如图 6-5 所示，"名称"分别为"L003"和"L004"。

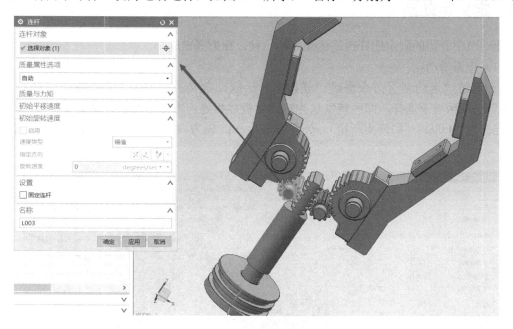

图 6-5　指派运动连杆 2

4）将两个零件 8 设为运动连杆，如图 6-6 所示，"名称"分别为"L005"和"L006"。

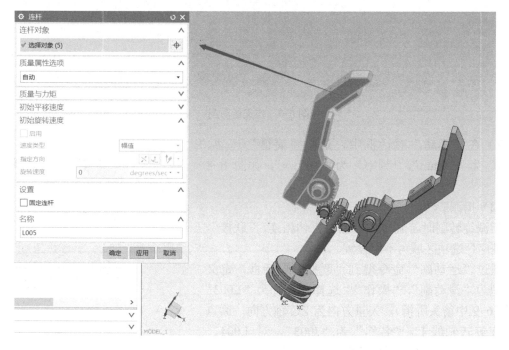

图 6-6　指派运动连杆 3

6.3 定义运动副

上一节中介绍的固定连杆也是运动副的一种，称为固定副。

（1）指派滑动副

1）通过"运动副"命令得到"联接"对话框，定义的类型为"滑动副"，"联接"中"基座"选项区域不选择，即系统默认为与固定机体相连，方便后面耦合副操作，"操作"中选择连杆为"L002"（如箭头所指），矢量方向为 YC 轴方向，"名称"为"J002"，如图 6-7所示。

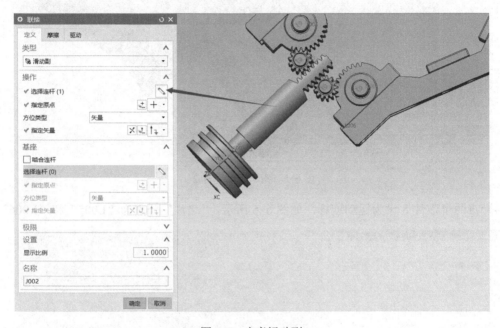

图 6-7　定义运动副

2）在"驱动"对话框中，选择"简谐"运动，"幅值"为"10mm"，"频率"为"10°/s"，如图 6-8所示。

（2）指派旋转副

指派旋转副时若旋转体与固定机体相连，"联接"中"基座"选项区域可不用设置。

通过"运动副"命令得到"联接"对话框，定义的类型为"滑动副"，"操作""选择连杆"为"L003"（如图 6-9 中箭头所指），矢量方向为 ZC 轴方向，原点选择在旋转轴线上，"名称"为"J003"，对 L004、L005、L006 也按照同样的方法操做，"名称"分别为"J004"、"J005"和"J006"，如图 6-9 所示。

图 6-8　定义驱动

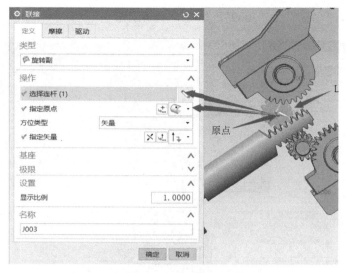

图 6-9　定义运动副 2

6.4　定义耦合副

（1）定义齿轮齿条副

通过"齿轮齿条副"命令得到"齿轮齿条副"对话框，"第一个运动副"为"J002"，"第二个运动副"为"J003"，"销半径"为分度圆半径，即"10.5mm"，"名称"为"J007"，如图 6-10 所示。

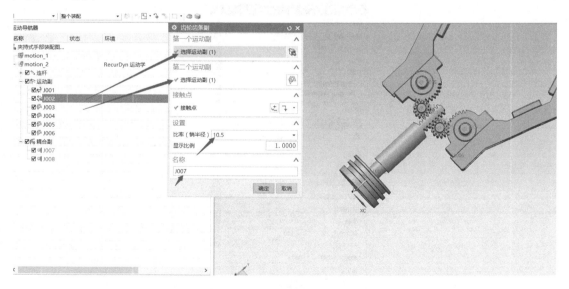

图 6-10　定义耦合副 1

（2）定义齿轮副

通过"齿轮副"命令得到"齿轮副"对话框，"第一个运动副"为主动齿轮，选择旋转副"J003"，"第二个运动副"为从动齿轮，选择齿轮副"J005"，"比率"为主动齿数比从动齿数，即"14/30"，"名称"为"J009"，如图 6-11 所示。

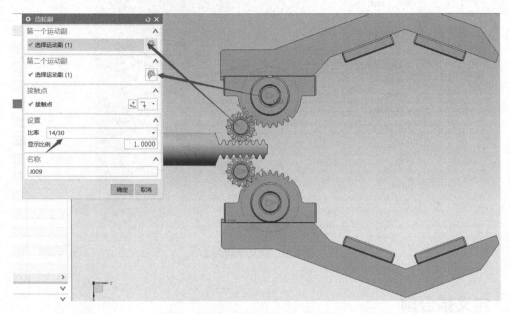

图 6-11 定义耦合副 2

然后通过选择"插入"→"解算方案"命令，"解算方案类型"为"常规驱动"，时间为"10s"，步数"5000"，单击"确定"按钮；然后选择"分析"→"运动"→"求解"命令，仿真完成，如图 6-12 所示。

图 6-12 解算方案

项目 7　送料机械手运动仿真

【项目内容】

指派连杆、定义运动副和定义连接器。

【项目目标】

理解送料机械手通过 UG NX 10.0 实现运动仿真的基本操作过程。

7.1　运动环境

选择"应用模块"→"运动"命令，右击"运动导航器"里的"装配"，从系统弹出的
菜单中选择"新建仿真"，系统弹出"环境"对话框，选择"动力学"，勾选"从新仿真开
始"，单击"确定"按钮，如图 7-1 所示。

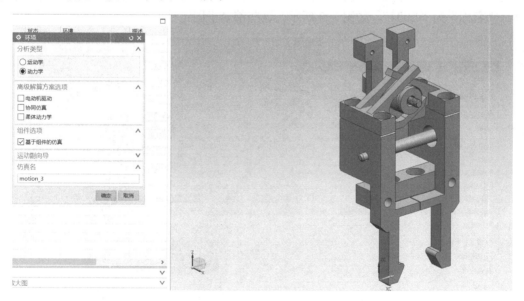

图 7-1　运动环境窗口

7.2　指派连杆

连杆结构如图 7-2 所示。

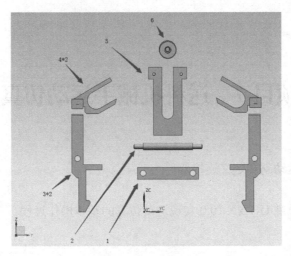

图 7-2   连杆结构图

1—固定板   2—销轴   3—定位手指   4—滚轮架   5—滑道固定板   6—滚轮

（1）指派固定连杆

通过"连杆"命令得到"连杆"对话框，选择零件 1、5 和 6，勾选"设置"中"固定连杆"，"名称"为"L004"，如图 7-3 所示。这些都属于固定件。

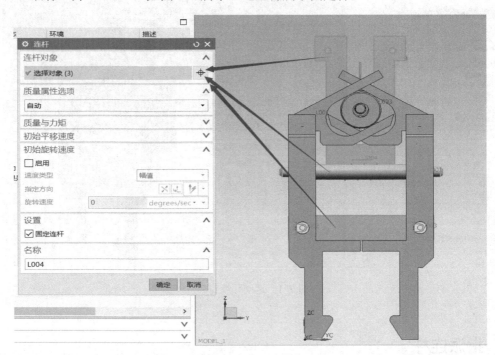

图 7-3   指派固定连杆

（2）指派运动连杆

通过"连杆"命令得到"连杆"对话框，选择零件 3 和 4，勾选"设置"中"固定连杆"，"名称"为"L002"，如图 7-4 所示。在运动时零件 3 和 4 是固定在一起的。

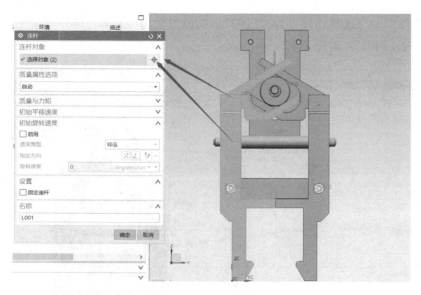

图 7-4　指派运动连杆 1

通过"连杆"命令得到"连杆"对话框，选择零件 6，勾选"设置"中"固定连杆"，"名称"为"L003"，如图 7-5 所示。

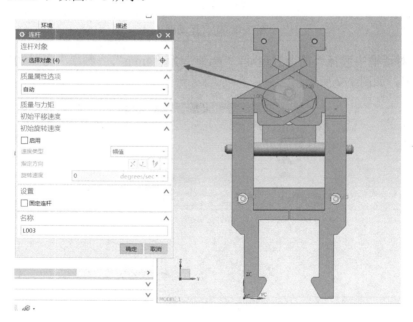

图 7-5　指派运动连杆 2

7.3　定义运动副

（1）指派滑动副

由"运动副"命令得到"联接"对话框，定义的类型为"滑动副"，连杆基座选择为

"L004"，"操作"中"选择连杆"为"L003"，矢量方向为 ZC 轴方向，原点设置在滚轮孔上，"名称"为"J001"，如图7-6所示。

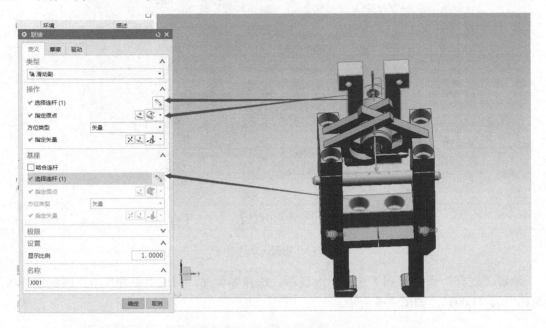

图 7-6　定义运动副 1

"驱动"对话框中选择"简谐"运动，"幅值"为"4mm"，"频率"为"20"，其他选项值均为"0°/s"，如图7-7所示。

图 7-7　定义驱动

（2）指派旋转副

由"运动副"命令得到"联接"对话框，定义的类型为"旋转副"，连杆基座选择为"L004"，"操作"中"选择连杆"为"L001"，矢量方向为 XC 轴方向，原点设置在滚轮孔上，"名称"为"J002"，如图7-8所示。

用同样的方法将另一半指派完成，"名称"为"J003"。

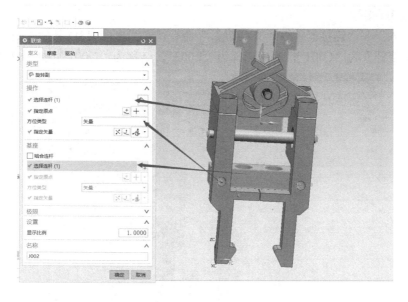

图 7-8　定义运动副 2

7.4　定义连接器

（1）定义连接器

选择"插入"→"连接器"→"弹簧"命令，在弹出的"弹簧"对话框中，"操作"中"选择连杆"为"L001"，基座选择为"L002"，原点选择在两内孔之间，弹簧参数值为"100N/mm"，预载长度为"30mm"，名称为"s001"，如图 7-9 所示。

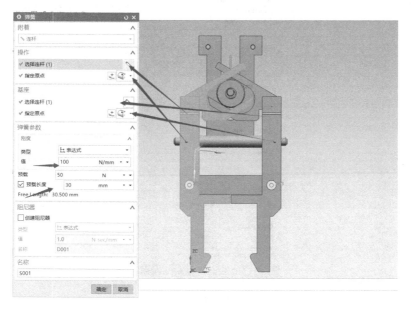

图 7-9　定义连接器

（2）指派 3D 接触

选择"插入"→"连接器"→"3D 接触，"命令，在弹出的"3D 接触"对话框中，"操作"中"选择连杆"为"L001"，基座选择为"L003"，名称为"G001"，如图 7-10 所示。

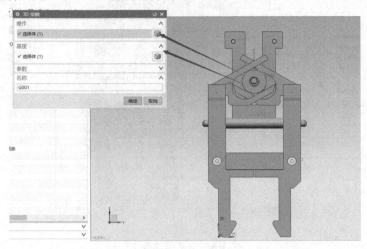

图 7-10　定义连接器 2

用同样的方法将另一半完成。选择"插入"→"解算方案"命令，"解算方案类型"为"常规驱动"，"时间"为"15s"，"步数"为"3000"，单击"确定"按钮；然后选择"分析"→"运动"→"求解"命令，仿真完成，如图 7-11 所示。

图 7-11　解算方案

项目 8　扭尾机械手运动仿真

【项目内容】
指派连杆、定义运动副和定义耦合副。

【项目目标】
理解扭尾机械手通过 UG NX 10.0 实现运动仿真的操作过程。

码 8　扭尾机械手运动仿真

8.1　运动环境

选择"应用模块"→"运动"命令，右击"运动导航器"里的"装配"，从系统弹出的菜单中选择"新建仿真"，系统弹出"环境"对话框，选择"动力学"，勾选"从新仿真开始"，单击"确定"按钮，如图 8-1 所示。

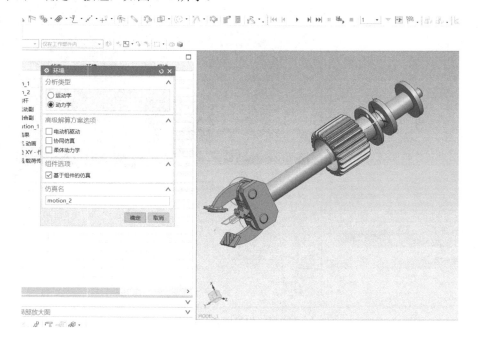

图 8-1　运动环境窗口

8.2　指派连杆

连杆结构如图 8-2 所示。

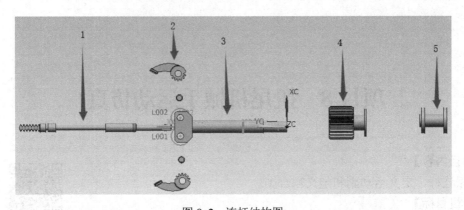

图 8-2　连杆结构图

1—齿条轴　2—钳爪　3—固定杆　4—滑动齿轮　5—固定盘

（1）指派固定连杆

通过"连杆"命令得到"连杆"对话框，选择组件 5，勾选"设置"中"固定连杆"，如图 8-3 所示，"名称"为"L005"。

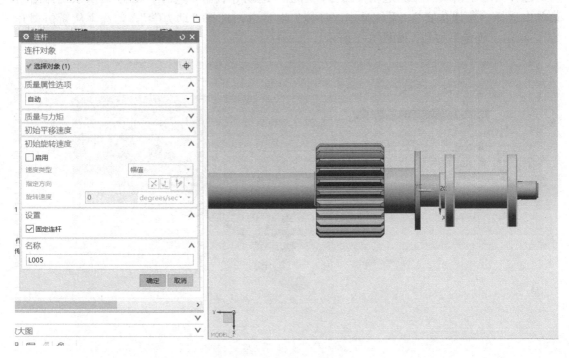

图 8-3　指派固定连杆

（2）指派运动连杆

通过"连杆"命令得到"连杆"对话框，选择零件 2，勾选"设置"中"固定连杆"，"名称"为"L001"，如图 8-4 所示。对 L002 也用同样方法指派。

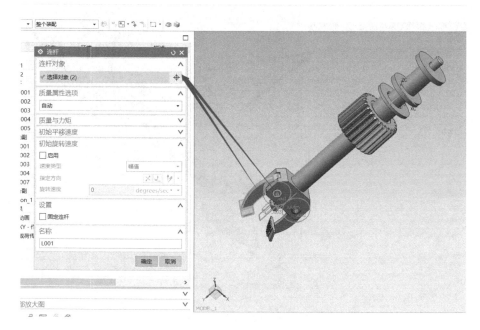

图 8-4　指派运动连杆 1

通过"连杆"命令得到"连杆"对话框，选择零件 1，勾选"设置"中"固定连杆"，"名称"为"L003"，如图 8-5 所示。

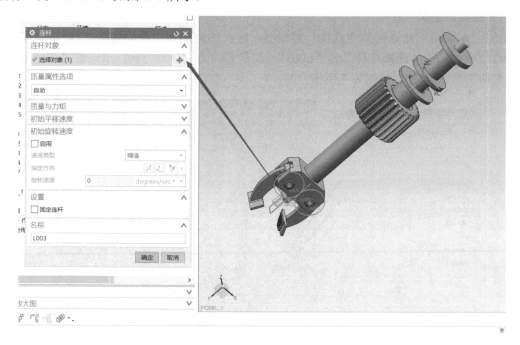

图 8-5　指派运动连杆 2

通过"连杆"命令得到"连杆"对话框，选择零件 3 和 4，勾选"设置"中"固定连杆"，"名称"为"L004"，如图 8-6 所示。

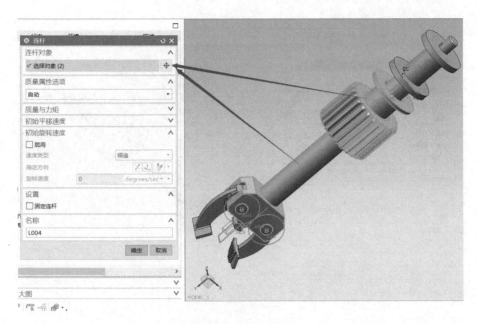

图 8-6　指派运动连杆 3

8.3　定义运动副

（1）指派滑动副

通过"运动副"命令得到"联接"对话框，定义的类型为"滑动副"，连杆基座选择为"L005"，"操作"中"选择连杆"为"L003"，矢量方向为-ZC 轴方向，原点设置在任意位置上，"名称"为"J003"，如图 8-7 所示。

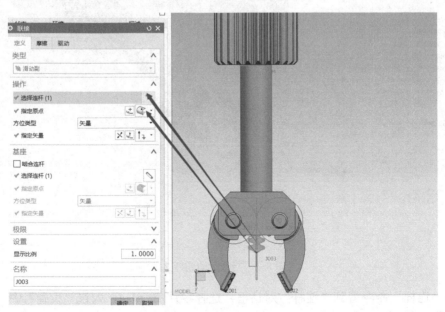

图 8-7　定义运动副 1

单击"联接"对话框上方的"驱动"选项卡，选择的"旋转"为"函数"，然后单击其后的图标按钮，进入"函数管理器"对话框；如图 8-8 所示，单击箭头所指的"新建"图标按钮，"插入"选择"运动函数"，然后选择最下面的 step 函数，输入函数 STEP(time, 0, 0, 1, 6) + STEP (time, 2, 0, 3, −6) + STEP(time, 4, 0, 5, 6) + STEP(time, 6, 0, 7, −6) + STEP(time, 8, 0, 9, 6) + STEP(time, 10, 0, 11, −6)，单击"确定"按钮，如图 8-8 所示。

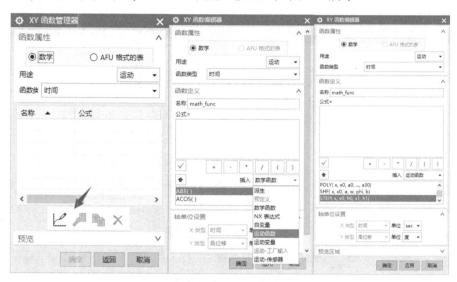

图 8-8　定义运动副 2

（2）指派旋转副

通过"运动副"命令得到"联接"对话框，定义的类型为"旋转副"，连杆基座选择为"L005"，"操作"中"选择连杆"为"L004"，矢量方向为 ZC 轴方向，原点设置在齿轮圆心位置上，"名称"为"J004"，如图 8-9 所示。

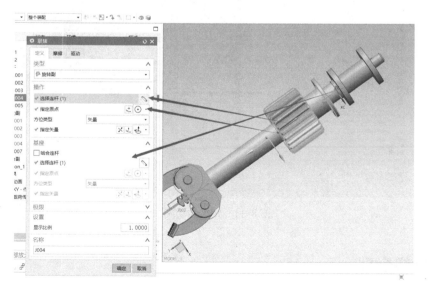

图 8-9　定义运动副 3

单击"联接"对话框上方的"驱动"选项卡，选择的"旋转"为"函数"，然后单击其后的图标按钮，进入"函数管理器"对话框；如图 8-10 所示单击箭头所指的"新建"图标按钮，"插入"选择"运动函数"，然后选择最下面的 step 函数，输入函数 STEP(time, 1, 0, 2, 720) + STEP (time, 3, 0, 4, -720) + STEP(time, 5, 0, 6, 720) + STEP(time, 7, 0, 8, -720) + STEP(time, 9, 0, 10, 720) + STEP(time, 11, 0, 12, -720)，单击"确定"按钮，如图 8-10 所示。

图 8-10　定义函数驱动

通过"运动副"命令得到"联接"对话框，定义的类型为"旋转副"，连杆基座选择为"L004"，"操作"中"选择连杆"为"L001"，矢量方向销轴线方向，原点设置在齿轮圆心位置上，"名称"为"J001"，如图 8-11 所示。

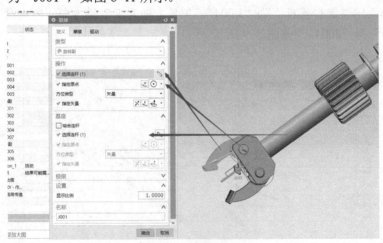

图 8-11　定义运动副

8.4　定义耦合副

（1）定义齿轮齿条副

通过"齿轮齿条副"命令得到"齿轮齿条副"对话框,"第一个运动副"为"J003","第二个运动副"为"J003",销半径(分度圆半径)为"14.5mm","名称"为"J005",如图 8-12 所示。

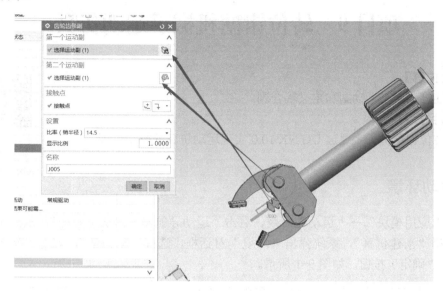

图 8-12　定义耦合副

(2)解算方案

选择"插入"→"解算方案"命令,"解算方案类型"为"常规驱动","时间"为"12s","步数"为"3000",单击"确定"按钮;然后选择"分析"→"运动"→"求解"命令,仿真完成,如图 8-13 所示。

图 8-13　解算方案

项目9　转位钳糖机械手运动仿真

【项目内容】

指派连杆、定义运动副和定义耦合副。

【项目目标】

理解转位钳糖机械手通过 UG NX 10.0 实现运动仿真的操作过程。

码9　转位钳糖机械手
运动仿真

9.1　运动环境

选择"应用模块"→"运动"命令，右击"运动导航器"里的"装配"，从系统弹出的菜单中选择"新建仿真"，系统弹出"环境"对话框，选择"动力学"，勾选"从新仿真开始"，单击"确定"按钮，如图9-1所示。

图9-1　运动环境窗口

9.2　指派连杆

连杆的结构如图9-2所示。

（1）指派固定连杆

通过"连杆"命令得到"连杆"对话框，选择零件 2，勾选"设置"中"固定连杆"，"名称"为"L003"，如图9-3所示。

188

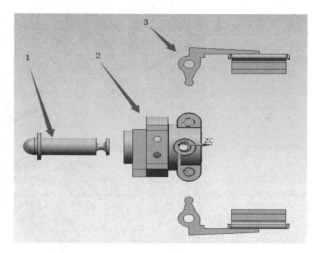

图 9-2 连杆结构图

1—推杆 2—固定腔 3—钳体

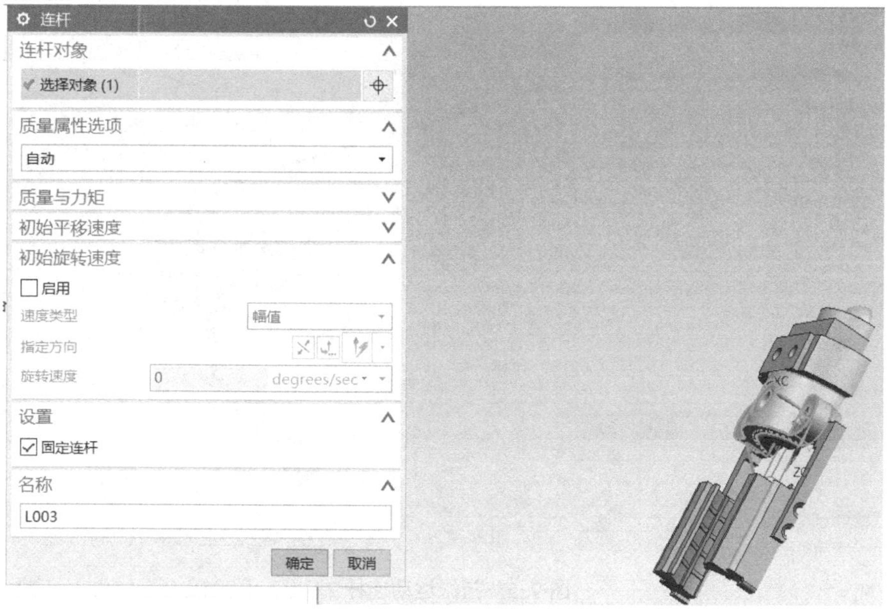

图 9-3 指派固定连杆

（2）指派运动连杆

通过"连杆"命令得到"连杆"对话框，选择零件 2，勾选"设置"中"固定连杆"，"名称"为"L001"，如图 9-4 所示。L002 也用同样方法指派。

通过"连杆"命令得到"连杆"对话框，选择零件 1，勾选"设置"中"固定连杆"，"名称"为"L004"，如图 9-5 所示。

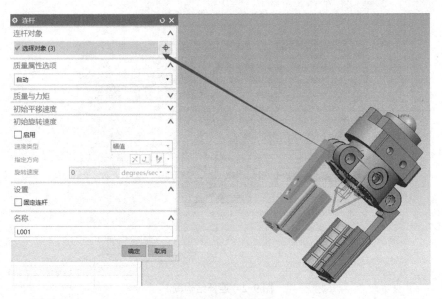

图 9-4　指派运动连杆 1

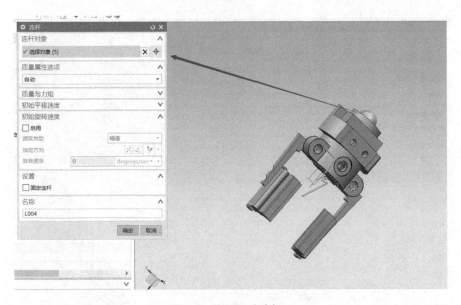

图 9-5　指派运动连杆 2

9.3　定义运动副

（1）指派滑动副

通过"运动副"命令得到"联接"对话框，定义的类型为"滑动副"，连杆基座选择为"L003"，"操作"中"选择连杆"为"L004"，矢量方向为 ZC 轴方向，原点设置在任意位置上，"名称"为"J003"，如图 9-6 所示。

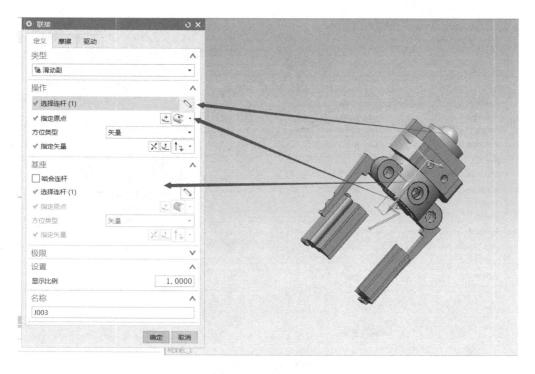

图 9-6　定义运动副 1

滑动副的驱动中选择"简谐"运动,"幅值"为"1mm","频率"为"360°/s",其他选项值均为"0",如图 9-7 所示。

图 9-7　定义驱动

(2) 指派旋转副

通过"运动副"命令得到"联接"对话框,定义的类型为"旋转副",连杆基座选择"L003","操作"中"选择连杆"为"L001",矢量方向为 XC 轴方向,原点设置在齿轮圆心位置上,"名称"为"J001",如图 9-8 所示。

图 9-8　定义运动副 2

9.4　定义连接器

（1）指派 3D 接触

选择"插入"→"连接器"→"3D 接触"命令，"操作"中"选择连杆"为"L001"，基座选择为"L003"，"名称"为"G001"，如图 9-9 所示。

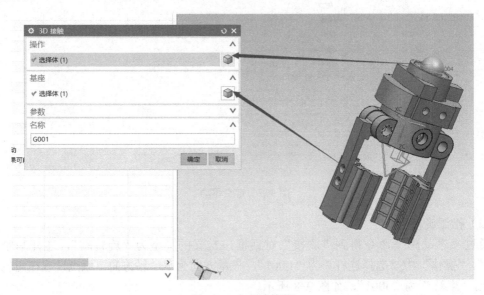

图 9-9　定义连接器

（2）解算方案

选择"插入"→"解算方案"命令，"解算方案类型"为"常规驱动"，"时间"为"5s"，"步数"为"3000"，单击"确定"按钮；然后选择"分析"→"运动"→"求解"，仿真完成，如图 9-10 所示。

图 9-10　解算方案

第3篇　机械手机电概念设计

　　学习贯彻党的二十大精神，关键是把准中国式现代化的国情特色和本质要求，找准职业教育支撑国家全面现代化、民族全面复兴和人的全面发展的着力点，深入推进新技术赋能教育，实施教育数字化战略行动。

　　机电产品概念设计已成为一门新兴的交叉学科，它需要机械技术、信息技术和控制技术的精密协同和集成，它需要设计者在创新手段和方法上具有更多的自由度。本教材第1篇介绍了通过 UG/Modeling 对机械臂模型进行的三维建模，第 2 篇介绍了通过 UG/Motion 对机械臂模型进行的运动仿真，第 3 篇（即本章）介绍通过 UG/Mechatronics Concept Designer（简称 MCD）对机械手搬运模型进行分析，了解采用 UG/MCD 设计机械手搬运的操作过程。

项目 10　常用指令介绍

【项目内容】

通过具体案例介绍机电产品概念设计常用指令。

【项目目标】

了解 UG NX 10.0 机电产品概念设计常用指令的含义和应用方法。

【项目分析】

1) 传输线的组成部分共 3 个，分别为传输体（刚体）2 个，传输板 3 个，底座 1 个，如图 10-1 所示。

2) 传输线的 3 个组件，结构简单，没有复杂的结构形状。

3) 最终完成传输线仿真。

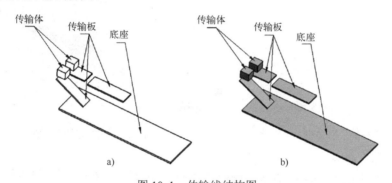

图 10-1　传输线结构图

a) 整体结构三维图　b) 整体结构实体图

10.1　常用指令

（1）"刚体"命令

码 10-1　常用指令应用

"刚体"指令的图标按钮为 🎲 。刚体组件可使几何对象在物理系统的控制下运动，刚体可接受外力与扭矩力，用来保证几何对象的运动像真实世界那样。任何几何对象只有添加了刚体组件才能受到重力或者其他作用力的影响，例如定义了刚体的几何体受重力影响会落下，其对话框如图 10-2 所示，其上参数介绍如下。

- "刚体对象"：用于选择一个或多个实体，所选择的实体会生成一个刚体。
- "质量属性"：一般设为"自动"，系统自动计算参数；也可设为"用户自定义"。
- "质心"：用于选择一个点作为刚体的质心。
- "指定对象的 CYCS"：用于定义坐标系，坐标系作为计算惯性矩的依据。
- "质量"：表示作用在质心的质量值。

- "惯性矩"：用于定义惯性矩矩阵。
- "初始平移速度"：用于为刚体定义最初平移的速度。
- "初始旋转速度"：用于为刚体定义最初旋转的速度。
- "名称"：用于定义刚体的名称。

其进入方式为：选择"插入"→"基本机电对象"→"刚体"命令。其指派方式如图 10-3 所示。

图 10-2 "刚体"对话框

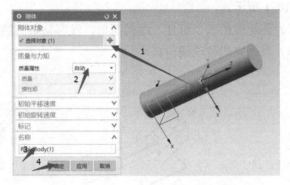

图 10-3 传输线刚体参数设置

（2）"碰撞体"命令

"碰撞体"命令的图标按钮为 🗐。碰撞体是物理组件的一类，它要与刚体一起添加到几何对象上时才能触发碰撞。如果两个刚体相互撞在一起，除非两个对象都定义有碰撞体时物理引擎才会计算碰撞参数。在物理模拟中，没有碰撞体的刚体会彼此相互穿过。其对话框如图 10-4 所示，其上参数介绍如下。

- "碰撞体对象"：用于选择一个或多个几何体，系统会根据选择的所有几何体计算碰撞形状。
- "碰撞形状"：形状包括方块、球、圆柱、胶囊、凸的、多个凸面体、网格等。
- "形状属性"：有"自动"和"用户自定义"两个选项，"自动"表示系统默认形状属性，自动计算碰撞形状；"用户自定义"要求用户输入自定义的参数。
- "指定点"：用于指定碰撞形状的几何中心点。
- "指定 CYCS"：用于为当前碰撞形状指定 CYCS（系统初始坐标系）。

图 10-4 "碰撞体"对话框

- "碰撞尺寸"：用于定义碰撞长、宽和高。

- "碰撞材料"：用于定义碰撞材料，定义静摩擦力、动摩擦力和滚动摩擦力。
- "类别"：发生碰撞的几何体必须是两个或多个，而且是被定义了起作用类别的，如果在一个场景中有很多个几何体，利用"类别"将会减少几何体是否会发生碰撞的计算时间。
- "碰撞时高亮显示"：用于设定当发生碰撞时被碰撞体呈高亮状态。
- "名称"：用于定义碰撞体的名称。

MCD 利用简化的碰撞形状来高效计算碰撞关系，在 UG NX8.5 以上版本中，MCD 支持以下几种碰撞形状，计算性能从优到劣排序是：方块≈球≈圆柱≈胶囊>凸的>多个凸面体>网格，各类碰撞形状如图 10-5 所示。

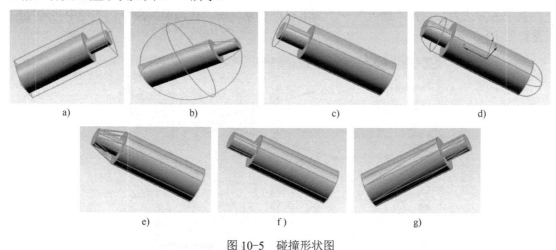

图 10-5　碰撞形状图

a) 方块　b) 球　c) 圆柱　d) 胶囊　e) 凸的　f) 圆柱　g) 网格

其进入方式为选择"插入"→"基本机电对象"→"碰撞体"命令，如图 10-6 所示。

（3）"传输面"命令

"传输面"命令的图标按钮是  。传输面是一种物理属性，用于将所选的平面转化为"传送带面"。一旦有其他物体放置在传输面上时，此物体会按照传输面指定的速度和方向运输到其他位置。其对话框如图 10-7 所示，其上参数介绍如下。

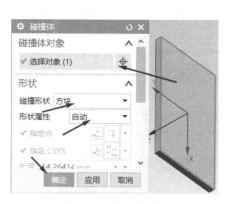

图 10-6　碰撞体的插入

图 10-7　"传输面"对话框

- "传送带面"：用于选择一个平面将其作为传输面。
- "运动类型"：有"直线"和"圆弧"两个选项，"直线"表示沿着矢量方向做直线运动；"圆弧"表示沿着矢量方向的径向做旋转运动。
- "指定矢量"：用于指定传输方向或旋转轴线。
- "平行"：用于设置传输面水平方向上的速度大小。
- "垂直"：用于设置传输面垂直方向上的速度大小。
- "碰撞材料"：与碰撞体属性相同。
- "名称"：用于定义传输面名称。

其进入方式为：选择"插入"→"基本机电对象"→"传输面"命令。本例中传输面的设置如图 10-8 所示。

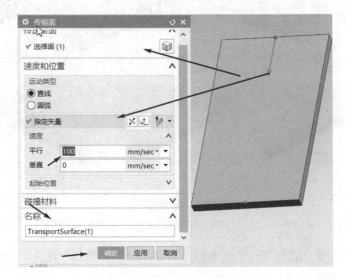

图 10-8　传输面设置

码 10-2　传输线案例

10.2　传输线参数设置

此案例用以了解 UG 常用指令的使用，可以观察到重力对刚体的影响，并观察到碰撞体之间的关系。可以观察到刚体随着重力而落在传输板上，并被传输板运输，或被传输板改变运动路径。

（1）进入概念设计模块

进入 MCD 模式，选择"启动"→"所有应用模块"→"机电概念设计"命令。

（2）指派刚体 1

选择菜单栏的"插入"→"基本机电对象"→"刚体"命令，系统弹出如图 10-9 所示的对话框，"刚体对象"选择箭头所连的正方体，"质量属性"选择"自动"、"初始平移速度"为"0mm/s"，"初始旋转速度"为"0°"，"名称"为"刚体 1"，设置完成后单击"确定"按钮完成指派，如图 10-9 所示。

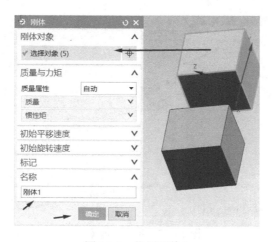

图 10-9　指派刚体 1

（3）指派刚体 2

刚体 2 与刚体 1 的指派方法相同，如图 10-10 所示。

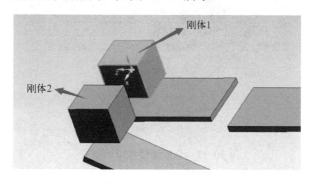

图 10-10　指派刚体 2

刚体 1 和刚体 2 指派完成之后，在"基本机电对象"中显示结果，如图 10-11 所示。

图 10-11　基本机电对象

（4）指派碰撞体

选择菜单栏的"插入"→"基本机电对象"→"碰撞体"命令，弹出如图 10-12 所示的对话框，"碰撞体对象"选择箭头所连的，"碰撞形状"为"方块"，"形状属性""自动"，"名称""碰撞体 1"，其他选项均采用系统默认设置，单击"确定"按钮完成指派，如图 10-12 所示。

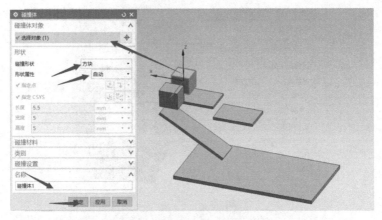

图 10-12 指派碰撞体 1

将所有碰撞体以相同方法完成指派，如图 10-13 所示。

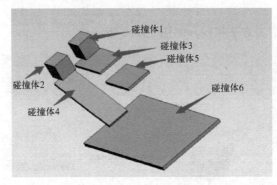

图 10-13 全部碰撞体指派完成

（5）指派传输面

选择菜单栏的"插入"→"基本机电对象"→"传输面"命令，显示如图 10-14 所示的对话框。"传送带面"选择碰撞体 3 上表面（箭头所连的平面），"运动类型"为"直线"，"指定矢量"用两点确定方向，如图 10-15 所示，"速度"中的"平行"为"5mm/sec"，"垂直"为"0mm/sec"，"名称"为"传输面 1"，单击"确定"按钮完成指派，如图 10-15 所示。

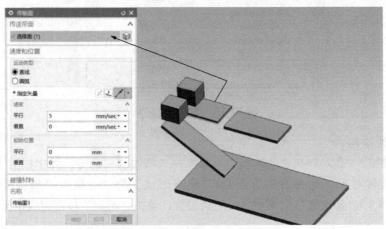

图 10-14 指派传输面 1

图 10-15　指定矢量方向

将传输面 2 以相同方法完成指派（"传送带面"选择碰撞体 5 上表面），如图 10-16 所示。

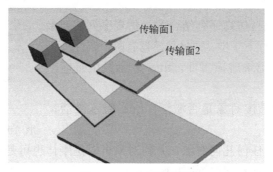

图 10-16　全部传输面

指派完成，选择"工具"→"动画"→"播放" ▶ 观察运动状态。

10.3　基本指令

（1）指派对象源

其进入方式为：选择"插入"→"基本机电对象"→"对象源"命令。

"对象源"命令的图标按钮为 ⬛→。在特定时间间隔或条件时利用对象源创建多个外表、属性相同的几何对象。其对话框如图 10-17 所示，其上参数功能如下。

- "要复制的对象"：选择要复制的几何体。
- "复制事件"选项区域中："触发"有两个选项，"基于时间"指定的时间复制一次；"每次激活一次"表示执行条件满足时对象源的对象属性，此时 active 会变为 true，表示对象源被激活一次，此属性会在下一步（下一扫描周期）自动变为 false，如图 10-18 所示；"时间间隔"，用于设置多少秒之后复制一次；"起始偏置"，用于在起始时设置多少秒后开始触发复制对象。

图 10-17　"对象源"对话框

图 10-18　每次激活一次对话框

● "名称"：用于设置对象源的名称。

（2）指派碰撞传感器

其进入方式为选择"插入"→"传感器"→"碰撞传感器"命令。

"碰撞传感器"命令的图标按钮为  。利用碰撞传感器收集碰撞事件。碰撞事件可以用于对操作或者执行机构停止、触发，碰撞属于开关量，只有碰撞和未碰撞的区别，其对话框如图 10-19 所示。

碰撞传感器的属性是与仿真序列结合的，仿真序列需要参照这些属性来判断是否执行下一步。碰撞传感器有两个属性：

1）Triggered，用于记录碰撞事件，true 表示发生碰撞，false 表示没有发生碰撞；

2）Active，用于记录该对象是否激活，true 表示激活，false 表示未激活。

图 10-19 "碰撞传感器"对话框

碰撞传感器可以指派任何几何对象，几何对象可以是刚体也可是普通几何模型。

"碰撞传感器"对话框中参数功能如下。

● "碰撞传感器对象"：用于选择几何体对象。

● "碰撞形状"有 3 个选项："方块"是指包络几何体的最小包容块的长宽高；"球"，指包络几何体的最小外接球的半径；"线"是指几何体的几何中心线直线长度。"形状属性"中的"自动"是指系统根据几何体自动生成。

● "类别"：只有定义了同种类别的多个几何体才会发生碰撞。

● "名称"：用于定义碰撞体的名称。

● "形状属性"：包括 3 个选项，"用户定义"，用于自定义物体的几何中点、CYCS（相对坐标）和长宽高，如图 10-20 所示。"指定点"用于指定包络体的质心。"指定 CYCS"用于指定包络体的坐标（仅坐标）。

（3）设置对象收集器

其进入方式为：选择"插入"→"基本机电对象"→"对象收集器"命令。

● "对象收集器"：其图标按钮为  。当对象源生成的对象与对象收集器发生碰撞时，消除这个对象，其对话框如图 10-21 所示，其上参数功能如下。

图 10-20 设置形状属性

图 10-21 "对象收集器"对话框

- "对象收集触发器"：用于选择碰撞传感器。
- "可收集的对象产生器"：包括两个选项，"任意"是指只要与选定的碰撞传感器发生碰撞就会将对象删除；"仅选定的"是指只对选择的对象源进行收集。
- "名称"：用于定义对象收集器的名称。

10.4 传输线案例分析

本项目是为了模拟实际流水线的运输情况。能够观察到传输体随时间的间隔有规律的生成，并在接触到底板时被回收。

"启动"→"所有应用模块"→"机电概念设计"命令，进入 MCD 模式。

（1）指派对象源

选择菜单栏的"插入"→"基本机电对象"→"对象源"命令，系统弹出的对话框如图 10-22a 所示，"选择对象"为刚体 1，"复制事件"为"基于时间"，"时间间隔"为"5"，"起始偏置"为"0s"。"名称"为"对象源 1"，单击"确定"按钮完成指派，如图 10-22b 所示。

同样的方法，指派刚体 2 作为对象源 2。单击"播放"图标按钮以 ▶ 观察运动状态。

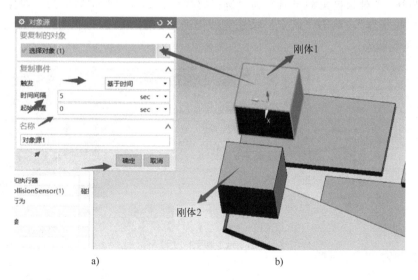

a)   b)

图 10-22　传输线指派对象源 1

（2）指派碰撞体

指派碰撞体的方法可参照 10.2 的（4）小节内容。

（3）指派碰撞传感器

选择菜单栏的"插入"→"传感器"→"碰撞传感器"命令，系统弹出对话框如图 10-23a 所示，"选择对象"如箭头所连接的几何体，"碰撞形状"选择"方块"，"形状属性"选择"自动"，"名称"为"碰撞传感器"，单击"确定"按钮完成指派，如图 10-23b 所示。

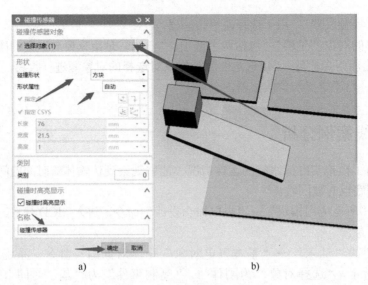

图 10-23 指派碰撞传感器

（4）指派对象收集器

选择菜单栏的"插入"→"基本机电对象"→"对象收集器"命令，在弹出的"对象收集器"对话框中，"对象收集触发器"为"选择碰撞传感器"，"产生器"为"对象源2"，"名称"为"对象收集器"，单击"确定"按钮完成指派，如图 10-24 所示，单击"播放"图标按钮 ▶ 观察运动状态。

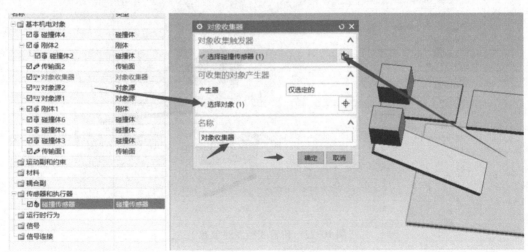

图 10-24 指派对象收集器

项目 11　发动机模型运动副

【项目内容】

通过发动机模型案例实现机电产品概念设计中常用运动副、速度控制和位置控制的应用。

【项目目标】

了解 UG NX 10.0 机电产品概念设计常用运动副、速度控制和位置控制的应用。

码 11　发动机运动仿真

【项目分析】

1）发动机模型组成部件共 4 个，分别为底座 1 个，活塞 1 个，活塞杆 1 个，曲轴 1 个，如图 11-1 所示。4 个组件通过装配组成装配体。

2）发动机模型结构清楚，最适合作为运动副的案例对象。

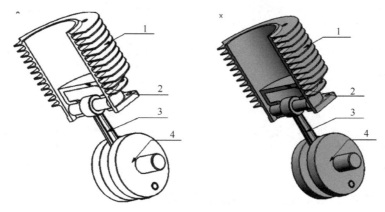

图 11-1　发动机模型装配图

1—底座　2—活塞　3—活塞杆　4—曲轴

11.1　常用运动副

（1）运动副

其进入方式为：选择"插入"→"运动副"→"铰链副"命令。

运动副与运动仿真中的运动副作用和参数基本相似，可参照其相关内容的介绍。常用运动副有铰链副、滑动副等。

- "铰链副"是一种旋转副，其作用是使物体沿轴线做圆周运动，其对话框如图 11-2 所示，其上参数功能如下。
- "选择连接件"：用于选择需要添加铰链约束的刚体。

- "选择基本件"：用于选择与连接件连接的另一刚体。如果基本件为空，则代表连接件与引擎中地面的连接。
- "指定轴矢量"：用于指定旋转轴。
- "指定锚点"：用于指定旋转点。
- "起始角"：表示在模拟仿真还没有开始之前连接件相对于基本件的角度。
- "限制"：用于控制旋转的最大/最小角度。
- "名称"：用于定义铰链副的名称。

（2）滑动副

其进入方式为：选择"插入"→"运动副"→"滑动副"命令。

- "滑动副"可使物体沿指定矢量进行平移运动，其对话框如图 11-3 所示，其上参数功能如下。

图 11-2 "铰链副"对话框

图 11-3 "滑动副"对话框

- "选择连接件"：用于选择需要添加铰链约束的刚体。
- "选择基本件"：用于选择与连接件连接的另一刚体。如果基本件为空，则代表连接件与引擎中地面的连接。
- "指定轴矢量"：用于指定平移运动的方向。
- "偏置"：表示在模拟仿真还没有开始之前连接件相对于基本件的位置。
- "限制"：用于控制滑动的最大/最小距离。
- "名称"：用于定义滑动副的名称。

（3）固定副

其进入方式为：选择"插入"→"运动副"→"固定副"命令。

"固定副"是将一个构件固定到另一个构件上，固定副所有自由度均被约束，其自由度个数为零，其对话框如图 11-4 所示，其上参数功能如下。

固定副主要用在以下场合：

图 11-4 "固定副"对话框

1）将刚体固定到一个固定的位置，例如引擎中的大地（基本件为空）。

2）将两个刚体固定在一起，此时两个刚体将一起运动。

● "连接件"：用于选择需要添加铰链约束的刚体。

● "基本件"：用于选择与连接件连接的另一刚体。

● "名称"：用于定义固定副的名称。

11.2 速度控制与位置控制

（1）速度控制

其进入方式为：选择"插入"→"执行器"→"速度控制"命令。

"速度控制"用以驱动运动副的轴以一预设的恒定速度运动，"速度控制"对话框如图 11-5 所示，其上各参数功能如下。

● "机电对象"：用于选择运动副。

● "轴类型"：在铰链副中系统默认为角度，在滑动副中系统默认为线性方向（平行或垂直）。

● "速度"：在滑动副中为平动，速度值单位为 mm/sec；在铰链副中为转动，速度值单位为 degrees/sec。

● "图形视图"：用于运行时在观察器中，观察速度，如图 11-6 所示。

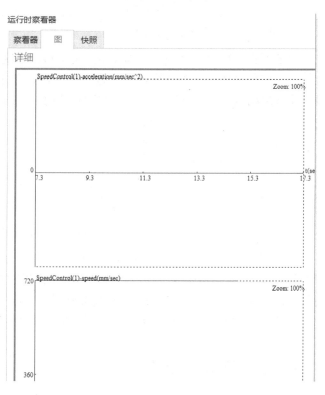

图 11-5 "速度控制"对话框　　　　图 11-6 运行时速度的观察

（2）位置控制

其进入方式为：选择"插入"→"执行器"→"位置控制"命令。"位置控制"对话框如图 11-7 所示，其上各参数功能如下。

- "位置控制"：用于控制对象的位置状态，其对话框如图 11-7 所示，其上各参数功能如下。
- "机电对象"：用于选择运动副。
- "目标"：轴类型为线性时，设定目标为最终位移距离。
- "速度"：以该速度值匀速移动。
- "名称"：用于定义位置控制名称。
- "图形视图"其显示的参数如图 11-8 所示。

图 11-7 "位置控制"对话框

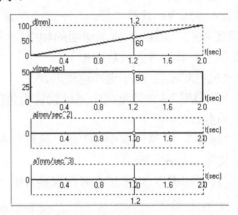

图 11-8 图形视图显示窗口

该图形视图窗口从上到下分别显示的是位移、速度、速度平方和速度 3 次方随时间的变化情况：位移物体移动的直线距离；速度物体运动的快慢；速度平方速度的变化率快慢；速度三次方急动度。在选择铰链副作为驱动时"约束"的设置如图 11-9 所示。

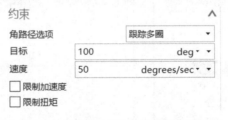

图 11-9 铰链副作为驱动的约束设置

"约束"中"角路径选项"有 4 个选项："跟踪多圈"表示沿逆时针方向记录多圈数据（用于记录回转的总角度）；"逆时针旋转"表示沿逆时针方向运动；"顺时针旋转"表示沿顺时针方向运动；"最短路径"表示按照劣角运动（小于 180°）。

注意：在指派作为仿真序列的操作时，所有的"速度"都设置为"0°/s"。

11.3　发动机运动设计

通过介绍发动机运动副仿真模型，使读者能够学会更好地使用 UG 的 MCD 模块。此模型结构简单、清晰，可以使读者清晰地认识到运动副的作用和使用方法，并配合驱动器（速度/位置控制）完成动作仿真。

选择"启动"→"所有应用模块"→"机电概念设计"命令，进入 MCD 模式。

（1）指派固定副

选择菜单栏的"插入"→"运动副"→"固定副"命令，系统弹出如图 11-10 所示的对话框，"选择连接件"为刚体 5，"名称"为"固定副"，单击"确定"按钮完成操作，如图 11-10 所示。

（2）指派铰链副

选择菜单栏的"插入"→"运动副"→"铰链副"命令，系统弹出如图 11-11 所示对话框，"选择连接件"为刚体 1，"基本件"不选（系统默认接），"指定轴矢量"选择为如图 11-11 所示圆端面的法向，"锚点"选择为端面的圆心点，"名称"为"铰链副 1"，单击"确定"按钮完成指派，如图 11-11 所示。

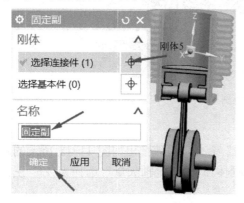

图 11-10　指派固定副

图 11-11　指派铰链副 1

指派"铰链副 2"时，"选择基本件"为刚体 1，"选择连接件"刚体 2，"锚点"为刚体 2 与刚体 1 连接的销钉轴线上，"指定轴矢量"选择为销钉的端面上（与轴线垂直的法向面），"名称"为"铰链副 2"，单击"确定"按钮完成指派，如图 11-12 所示。

指派铰链副 3 时，"选择基本件"为刚体 2，"选择连接件"为刚体 3，"锚点"为刚体 3 销钉轴线上，"指定轴矢量"选择为销钉端面的轴线，"名称"为"铰链副 3"，单击"确定"按钮完成指派，如图 11-13 所示。

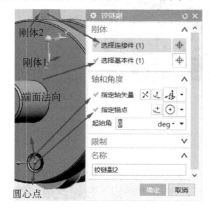

图 11-12　指派铰链副 2

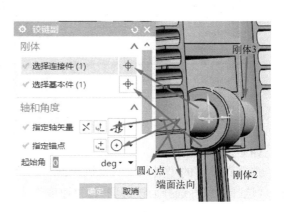

图 11-13　指派铰链副 3

指派铰链副 4 时，"选择基本件"为刚体 3，"选择连接件"为刚体 4，"锚点"为刚体 3销钉轴线上，"指定轴矢量"选择为销钉端面的轴线，"名称"为"铰链副 4"，单击"确定"按钮完成指派，如图 11-14 所示。

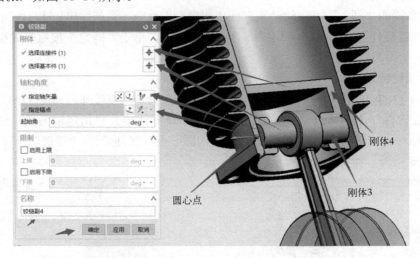

图 11-14 指派铰链副 4

（3）指派滑动副

选择菜单栏的"插入"→"运动副"→"滑动副"命令，系统弹出如图 11-15 所示的对话框，"选择连接件"为刚体 4，"选择基本件"为刚体 5，"指定轴矢量"选择为 ZC 正方向，单击"确定"按钮完成指派，如图 11-15 所示。

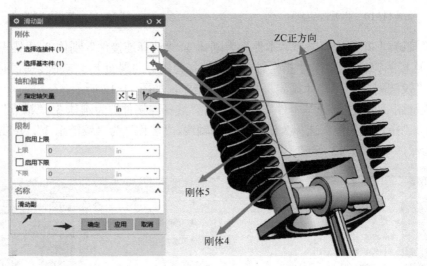

图 11-15 指派滑动副

（4）指派速度控制

选择菜单栏的"插入"→"执行器"→"速度控制"命令。在图 11-16 所示的对话框中，"选择对象"选择为铰链副 1，"速度"为"360deg/sec"，单击"确定"按钮完成指派。指派完成后，"插放"图标按钮 ▶ 观察运动状态。

图 11-16　指派速度控制

11.4　仿真序列概念

"仿真序列"的图标按钮是 。它是 MCD 中的控制元素，可以通过仿真序列功能控制 MCD 中的任何对象，其对话框如图 11-17 所示。

图 11-17　"仿真序列"对话框

在 MCD 定义的仿真对象中，每个对象都有一个或者多个参数，可以通过仿真序列功能进行修改预设值。通常，可以使用仿真序列功能控制一个执行机构（例如速度控制中的速度和位置控制中的目标等）；还可以控制运动副（例如移动副的连接件）。除此以外，还可以用其创建条件语句来确定何时改变参数。

仿真序列有两种基本类型：

1）基于时间的真序列；

2）基于事件的仿真序列

仿真序列功能对应的"运算"对话框中参数作用如下。

- "机电对象"：用于选择需要修改参数值的对象，例如速度控制和滑动副等。
- "时间"：用于设置仿真序列的持续时间。
- "运行时参数"：在运行时参数列表中列出的参数，即所选对象的所有可以修改的参数；
- "设置"：选中后可修改此参数的种类。"值"用于修改参数的值。"输入输出"用于定义该参数是否可以被 MCD 之外的软件识别。
- "条件"：其中的"选择条件对象"表示以这个对象的一个或多个参数创建条件表达式，来控制这个仿真序列是否执行（通常是真或假的开关量来表示）。
- "名称"：用于定义仿真序列的名称。

仿真序列编辑器用以显示机械系统中创建的所有仿真序列。用于管理仿真序列在何时或者何种条件下开始执行，用来控制执行机构或者其他对象在不同时刻的不同状态（主要用于控制事件的触发），如图 11-18 所示。

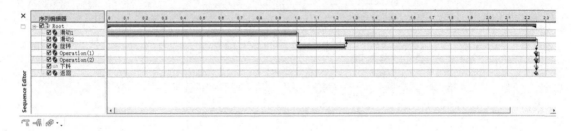

图 11-18　仿真序列编辑器

仿真序列分类如下：

1）表示基于时间的仿真序列；

2）表示基于事件的仿真序列；

3）表示基于事件的仿真序列与另一个仿真序列相连；

4）表示复合仿真序列，即如果在组件中已有仿真序列，则在上层装配中的仿真序列以这种方式显示；

5）表示连接器，用于连接两个仿真序列。

11.5　传输线概念设计

传输线概念设计是为了搭建一条传输变轨线路，可以看到物体在传输过程中被阻挡并强制改变轨道的过程。

选择"启动"→"所有应用模块"→"机电概念设计"命令,进入 MCD 模式。

（1）指派仿真序列的滑动 1：

在运行时,使仿真序列产生平移运动到达指定位置。

选择菜单栏的"插入"→"过程"→"仿真序列"命令,弹出如图 11-19 所示的对话框,"机电对象"选择位置控制的"滑动 1",运行时参数"列表勾选""speed",且为"20",勾选"position"并为"20","条件"中选择碰撞传感器作为对象,"值"改为"true";"名称"为"滑动 1";单击"确定"按钮完成指派,"序列编辑器"窗口如图 11-20 所示。

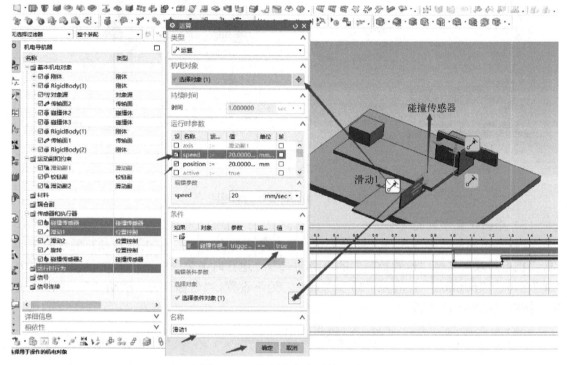

图 11-19　指派仿真序列的滑动 1

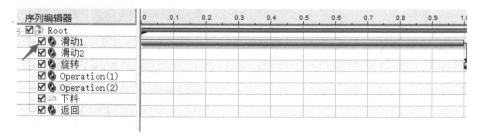

图 11-20　序列编辑器窗口

（2）指派仿真序列的返回

滑动副 1 到达指定位置后需要返回原来位置等待下一次被执行,选择菜单栏的"插入"→"过程"→"仿真序列"命令,弹出如图 11-21 所示的对话框,"机电对象"选择位置控制的"滑动 1","运行时参数"中不选中"speed"且值为"0",勾选"position"且值为"0";返回时可以参照之前设置好的速度,"position"为"0",代表原点位置,"条件"处不设置，"名称"为"返回"，单击"确定"按钮完成指派，如图 11-21 所示。

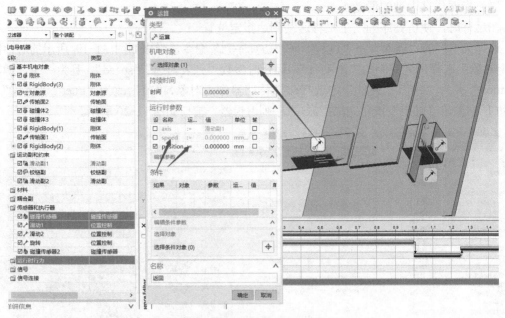

图 11-21　指派仿真序列的返回

（3）指派仿真序列的滑动 2

选择菜单栏的"插入"→"过程"→"仿真序列"命令，弹出如图 11-22 所示的对话框，"机电对象"选择"位置控制"的"滑动 2"，"运行时参数"中不选中"speed"且值为"30"，勾选"position"且值为"30"，"条件"处不设置，"名称"为"滑动 2"，单击"确定"按钮完成指派，如图 11-22 所示。

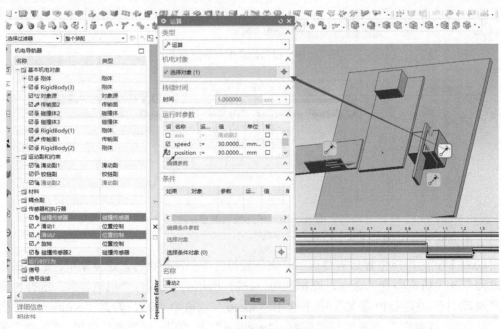

图 11-22　指派仿真序列的滑动 2

这里不设置"条件"的原因是，当上面指派的滑动 1 的位置到达预定位置时，滑动 2 才开始工作，但滑动 2 运动方向与传输面不垂直，所以在滑动 1 与滑动 2 之间还要有一个旋转。

（4）指派仿真序列滑动的返回

选择菜单栏的"插入"→"过程"→"仿真序列"命令，弹出如图 11-23 所示的对话框，"机电对象"选择位置控制的"滑动 2"，"运行时参数"中不选中"speed"且值为"0"，勾选"position"且值为"0"，"条件"处设置，"名称"为"滑动 2 返回"，单击"确定"按钮完成指派，如图 11-23 所示。

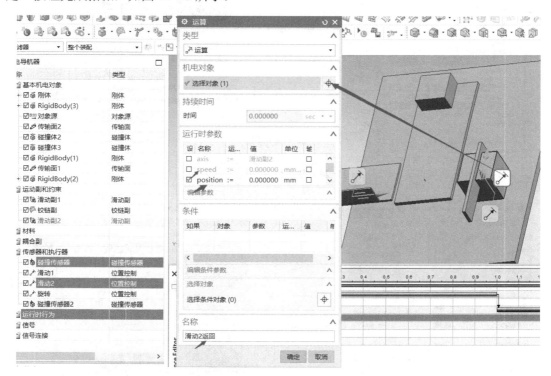

图 11-23 指派仿真序列滑动的返回

（5）指派仿真序列的旋转

选择菜单栏的"插入"→"过程"→"仿真序列"命令，弹出如图 11-24 所示的对话框，"机电对象"选择位置控制的"旋转"；"运行时参数"选中"speed"且值为"360"，勾选"position"且值为"90"，"条件"处不设置，"名称"为"旋转"，单击"确定"按钮完成指派，如图 11-24 所示。

（6）指派仿真序列旋转的返回

选择菜单栏的"插入"→"过程"→"仿真序列"命令，弹出如图 11-25 所示的对话框，"机电对象"选择位置控制的"旋转"；"运行时参数"不选中"speed"且值为"0"，勾选"position"且值为"0"，"条件"处不设置，"名称"为"旋转返回"，单击"确定"按钮完成指派，如图 11-25 所示。

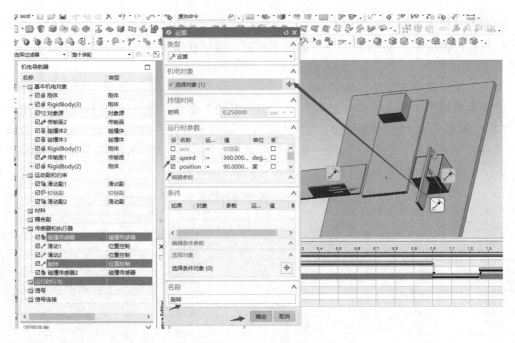

图 11-24　指派仿真序列的旋转

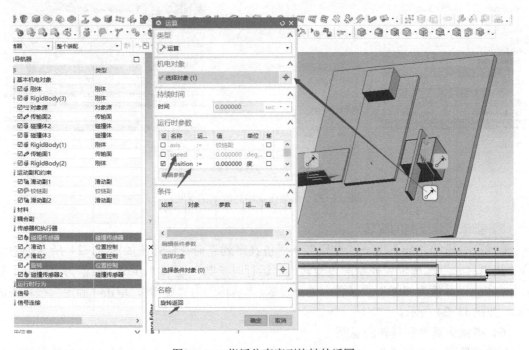

图 11-25　指派仿真序列旋转的返回

（7）指派仿真序列的下料

选择菜单栏的"插入"→"过程"→"仿真序列"命令，弹出如图 11-26 所示的对话框，"机电对象"选择"对象源"，"条件"中"对象"选择"碰撞传感器 2"，"运行时参数"列表中值为"true"，"名称"为"下料"，单击"确定"按钮完成指派，如图 11-26 所示。

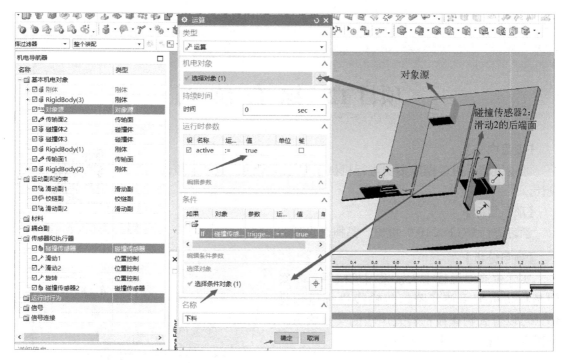

图 11-26　指派仿真序列的下料

（8）指派连接器

此自动线以下料为起始，当对象源触碰到碰撞传感器时滑动 1 开始工作，滑动 1 到位之后，开始旋转，旋转到位后，滑动 2 开始出料，碰撞传感器在滑动 2 的后端面时产生信号，当信号移除时，自动线开始控制对象源进行下一次下料，同时滑动 1 和滑动 2 进行旋转复位。

指派方法为：用单击所指派对象的前一级，然后按住鼠标左键将其拖到当前级，完成指派，结果如图 11-27 所示。

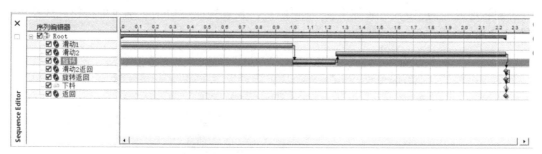

图 11-27　仿真序列的编辑图

指派完成后，选择"工具"→"动画"→"播放"命令，观察运动状态。

项目 12　综合练习

【项目内容】

通过机械手搬运模型案例进行机械手搬运模型的机电产品概念设计。

【项目目标】

学习进行 UG NX 10.0 机电产品概念设计的方法。

码 12　机械手搬运概念设计

【项目分析】

实际生产线运行中大量采用机械手,本案例是模仿机械手使其跨越传输线进行运输物体,可以看到物体被机器人运输的实际状态。机械手搬运模型如图 12-1 所示。

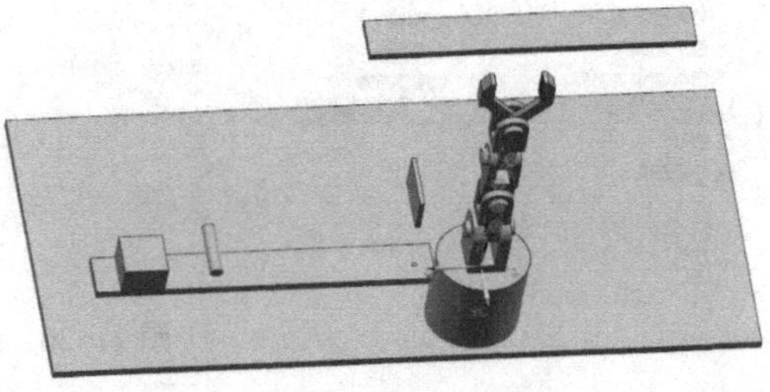

12.1　指派刚体

选择"启动"→"所有应用模块"→"机电概念设计"命令,进入 MCD 模式。

图 12-1　机械手搬运模型

指派刚体是为了使某些几何体受到力的作用,并且使某些几何体成为一个刚体。通过刚体命令将刚体 1 作为被输送的物体。

选择菜单栏的"插入"→"基本机电对象"→"刚体"命令,弹出如图 12-2 所示的对话框,"刚体对象"选择为图中所示的几何体,"质量属性"选择为"自动"、"平移速度"为"0","旋转速度"为"0","名称"为"刚体 1",设置完成后单击"确定"按钮完成指派,如图 12-2 所示。

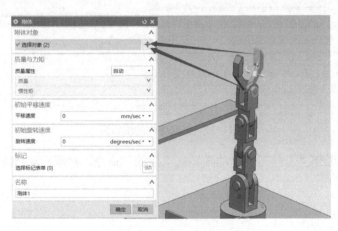

图 12-2　指派刚体 1

按照上述方法将图 3-3 中其余刚体指派完成，如图 12-3 所示。

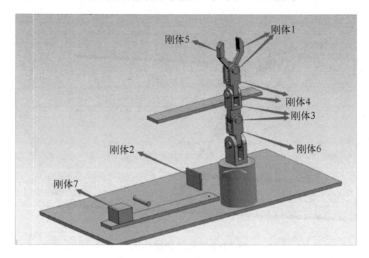

图 12-3　机械手搬运模型的全部刚体图

12.2　指派碰撞体

指派碰撞体用来使某些几何体发生接触时产生碰撞，例如传输面就需要指派碰撞体，使两个体发生物理碰撞和摩擦。

（1）指派碰撞体 1

选择菜单栏的"插入"→"基本机电对象"→"碰撞体"命令，弹出如图 12-4 所示的对话框，"碰撞体对象"选择如图中所示面，"碰撞形状"选择为"方块"，"形状属性"选择为"自动"，"名称"选择为"碰撞体 1"，其他选项均采用系统默认设置，单击"确定"按钮完成指派，如图 12-4 所示。

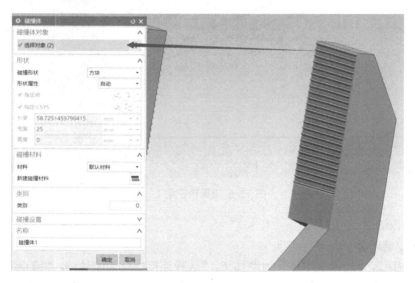

图 12-4　指派碰撞体 1

按照上述方法将图 12-5 中其余碰撞体指派完成，如图 12-5 所示。

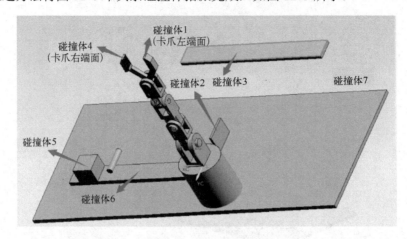

图 12-5　全部碰撞体图

（2）指派滑动副

选择菜单栏的"插入"→"运动副"→"滑动副"命令，系统弹出如图 12-6 所示的对话框。指派铰链副 1，"选择连接件"为刚体 6，"指定锚点"位于刚体 6 销钉的轴线上，"指定轴矢量"为销钉端面的轴线，"名称"为"铰链副 1"，单击"确定"按钮完成指派，如图 12-6 所示。

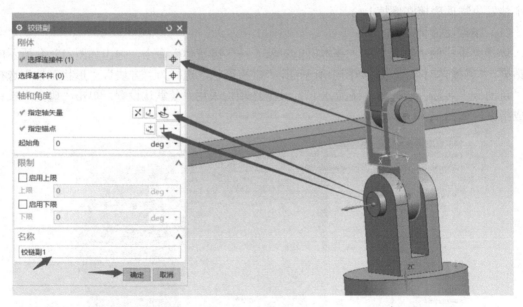

图 12-6　指派铰链副 1

（3）指派铰链副

1）指派铰链副 2

指派铰链副 2，"选择基本件"为刚体 6，"选择连接件"为刚体 3，"锚点"位于刚体 3 销钉的轴线上，"指定轴矢量"选择销钉端面的轴线，"名称"为"铰链副 2"，单击"确定"

220

按钮完成指派，如图 12-7 所示。

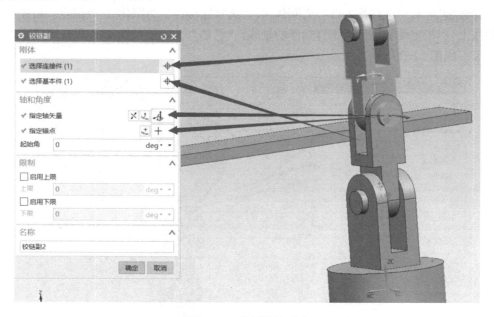

图 12-7　指派铰链副 2

2）指派铰链副 3

指派铰链副 3，"选择基本件"为刚体 3，"选择连接件"为刚体 4，"锚点"位于刚体 4
销钉轴线上，"指定轴矢量"为销钉端面的轴线，"名称"为"铰链副 3"，单击"确定"按钮
完成指派，如图 12-8 所示。

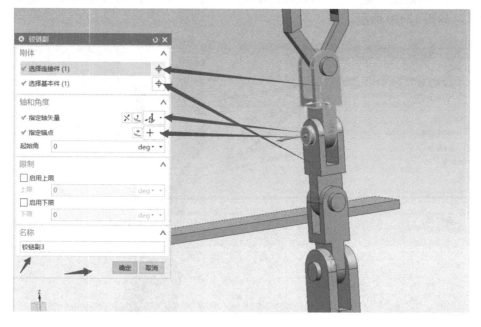

图 12-8　指派铰链副 3

3）指派铰链副 4

指派铰链副 4，"选择基本件"为刚体 4，"选择连接件"为刚体 1，"锚点"位于刚体 1 销钉轴线上，"指定轴矢量"为销钉端面的轴线，"名称"为"铰链副 4"，单击"确定"按钮完成指派，如图 12-9 所示。

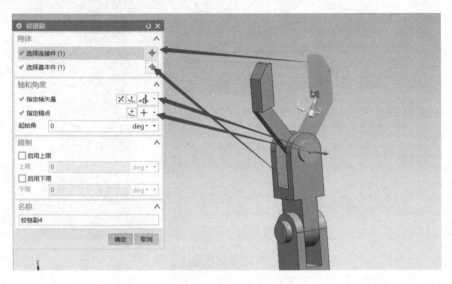

图 12-9　指派铰链副 4

4）指派铰链副 5

指派铰链副 5，"选择基本件"为刚体 4，"选择连接件"为刚体 5，"锚点"位于刚体 4 销钉轴线上，"指定轴矢量"为销钉端面的轴线，"名称"为"铰链副 5"，单击"确定"按钮完成指派，如图 12-10 所示。

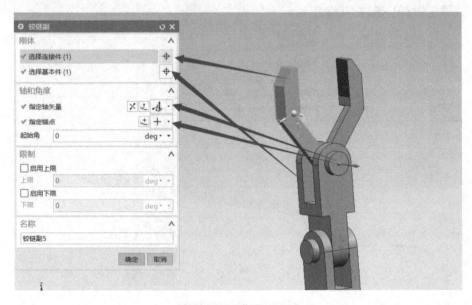

图 12-10　指派铰链副 5

（4）指派滑动副

选择菜单栏的"插入"→"运动副"→"滑动副"命令，打开如图 12-11 所示的对话框，"选择连接件"为刚体 2，"选择基本件"处不设置，"指定轴矢量"为左端面的法线的方向，单击"确定"按钮完成指派。

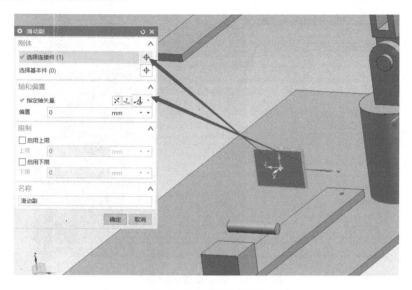

图 12-11　指派滑动副

（5）指派碰撞传感器

1）指派碰撞传感器 1

选择菜单栏的"插入"→"传感器"→"碰撞传感器"命令，弹出的对话框如图 12-12 所示，"选择对象"如图中所示，"碰撞形状"选择为"方块"，"形状属性"选择为"自动"，"名称"为"碰撞传感器 1"，单击"确定"按钮完成指派。

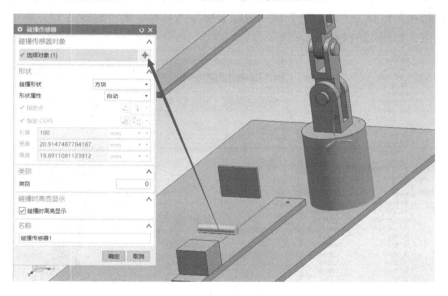

图 12-12　指派碰撞传感器 1

2）指派碰撞传感器 2

选择菜单栏的"插入"→"传感器"→"碰撞传感器"命令，弹出的对话框如图 12-13 所示，"选择对象"如图中所示，"碰撞形状"选择为"方块"，"形状属性"选择为"自动"，"名称"为"碰撞传感器 2"，单击"确定"按钮完成指派。

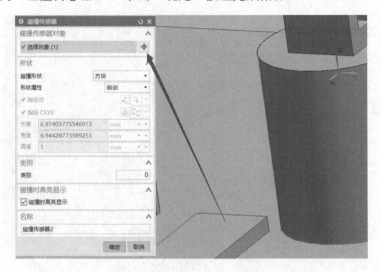

图 12-13　指派碰撞传感器 2

（6）指派位置控制

选择菜单栏的"插入"→"执行器"→"位置控制"命令。指派机械爪的位置，由于两个卡爪分别对称，所以指派时应指派对称角度。

（7）指派旋转爪

1）指派旋转爪 1。

选择菜单栏的"插入"→"执行器"→"位置控制"命令。"选择对象"选择为铰链副 5，"角路径选项"选择为"顺时针"或"跟踪多圈"，"名称"为"旋转爪 1"，单击"确定"按钮完成指派，如图 12-14 所示。

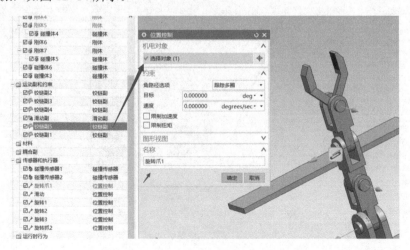

图 12-14　指派旋转爪 1

2）指派旋转爪 2。

选择菜单栏的"插入"→"执行器"→"位置控制"命令。"选择对象"选择为铰链副4，"角路径选项"选择为"顺时针"或"跟踪多圈"，"名称"为"旋转爪 2"，单击"确定"按钮完成指派，如图 12-15 所示。

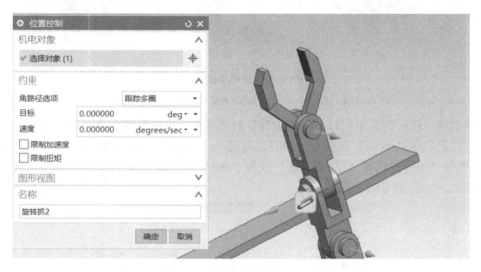

图 12-15　指派旋转爪 2

按照上述方法将图 12-16 中其余位置控制指派完成，如图 12-16 所示。

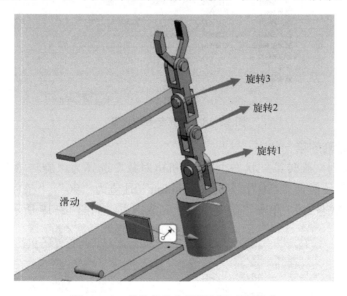

图 12-16　关节部分位置控制运动副组成

（8）创建仿真序列

根据机器人实际运动仿真序列可分为准备状态、抓取状态、放置状态与返回状态，只需控制后 3 种状态，如图 12-17 所示。

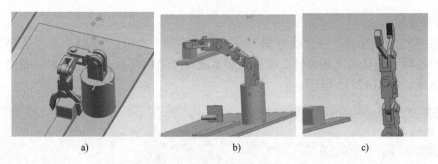

图 12-17　机械手状态图

a) 第一状态（抓取）　b) 第二状态（放置）　c) 第三状态（返回）

当块滑动为初始仿真序列时，在"运算"对话框中"机电对象"选择为"滑动"，"运行时参数"列表勾选"speed"且值为"120"，勾选"position"且值为"120"，"条件"列表中"对象"选择"碰撞传感器 1"，其"值"改为"true"，"名称"为"滑动"，单击"确定"按钮完成指派，如图 12-18 所示。

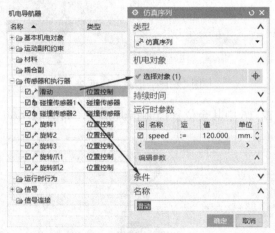

图 12-18　运算参数的设置

1）指派仿真序列的第一状态。

指派"仿真序列"旋转第一状态上时，"机电对象"选择为"旋转 3"，"运行时参数"列表勾选"speed"且值为"130"，勾选"position"且值为"90"，"条件"处不设置，"名称"为"旋转第一状态上"，单击"确定"按钮完成指派，如图 12-19 所示。

图 12-19　指派仿真序列旋转第一状态上

指派仿真序列旋转第一状态中时，"机电对象"选择"旋转 2"，"运行时参数"列表勾选"speed"且值为"90"，勾选"position"且值为"90"，"条件"处不设置，"名称"为"旋转第一状态中"，单击"确定"按钮完成指派，如图 12-20 所示。

图 12-20　指派仿真序列旋转第一状态中

指派仿真序列旋转第一状态下时，"机电对象"选择"旋转 1"，"运行时参数"列表勾选"speed"且值为"90"，勾选"position"且值为"90"，"条件"处不设置，"名称"为"旋转第一状态下"，单击"确定"按钮完成指派，如图 12-21 所示。

图 12-21　指派仿真序列旋转第一状态下

卡爪的第一状态分张开和夹紧两步，由于是两块体，所以要做两次开和两次夹的动作。所以先指派仿真序列爪松第一状态 11 时，"机电对象"选择为"旋转爪 2"，"运行时参数"列表勾选"speed"且值为"15"，勾选"position"且值为"-15"，"条件"处不设置，"名称"为"爪松第一状态 1"，单击"确定"按钮完成指派，如图 12-22 所示。

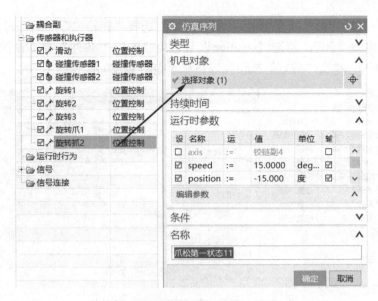

图 12-22　指派仿真序列爪松第一状态 11

　　然后再指派"仿真序列"爪松第一状态 22 时，"机电对象"选择为"旋转爪 1"，"运行时参数"列表勾选"speed"且值为"15"，勾选"position"且值为"15"，"条件"处不设置，"名称"为"爪松第一状态 22"，单击"确定"按钮完成指派，如图 12-23 所示。

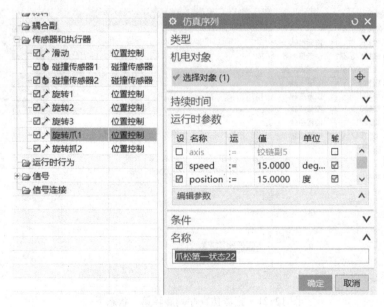

图 12-23　指派仿真序列爪松第一状态 22

　　卡爪松开后需要夹紧时，需要指派卡爪的第一状态（即夹紧）。指派仿真序列爪夹第一状态 1 时，"机电对象"选择为"旋转爪 1"，"运行时参数"列表勾选"speed"且值为"15"，勾选"position"且值为"0"，"条件"列表中"对象"为"碰撞传感器 2"，其"值"为"true"，"名称"为"爪夹第一状态 1"，单击"确定"按钮完成指派，如图 12-24 所示。

图 12-24 指派仿真序列爪夹第一状态 1

仿真序列爪夹第一状态 2 时，"机电对象"选择为"旋转爪 2"，"运行时参数"列表勾选"speed"且值为"15"，勾选"position"且值为"0"，"条件"列表中"对象"为"碰撞传感器 2"，其"值"为"true"，"名称"为"爪夹第一状态 2"，单击"确定"按钮完成指派，如图 12-25 所示。

图 12-25 指派仿真序列爪夹第一状态 2

2）指派仿真序列第二状态。

第一状态指派完成后，现指派第二状态。第二状态包括抬升物体和放置物体两步，如图 12-26 所示。

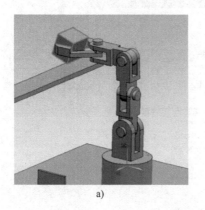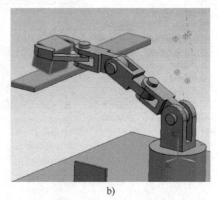

图 12-26　第二状态动作

a) 抬升物体　b) 放置物体

指派第二状态第一步时保持旋转第二状态上参数设置，其他步骤如下。

指派仿真序列旋转第二状态下时，"机电对象"选择为"旋转 1"，"运行时参数"列表勾选"speed"且值为"90"，勾选"position"且值为"0"，"条件"处不设置，"名称"为"旋转第二状态下"，单击"确定"按钮完成指派，如图 12-27 所示。

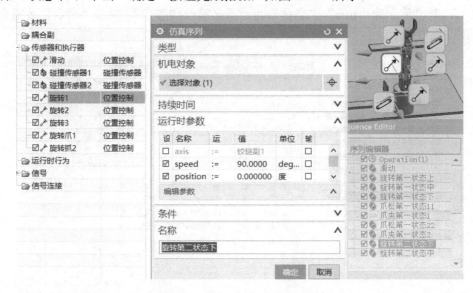

图 12-27　指派仿真序列旋转第二状态下

指派仿真序列旋转第二状态上时，"机电对象"选择为"旋转 2"，"运行时参数"列表勾选"speed"且值为"90"，勾选"position"且值为"0"，"条件"处不设置，"名称"为"旋转第二状态中"，单击"确定"按钮完成指派，如图 12-28 所示。

指派仿真序列旋转第二状态上时，"机电对象"选择为"旋转爪 3"，"运行时参数"列表勾选"speed"且值为"90"，勾选"position"且值为"24"，"条件"处不设置，【名称"为"旋转第二状态上"，单击"确定"按钮完成指派，如图 12-29 所示。

图 12-28　指派仿真序列旋转第二状态中

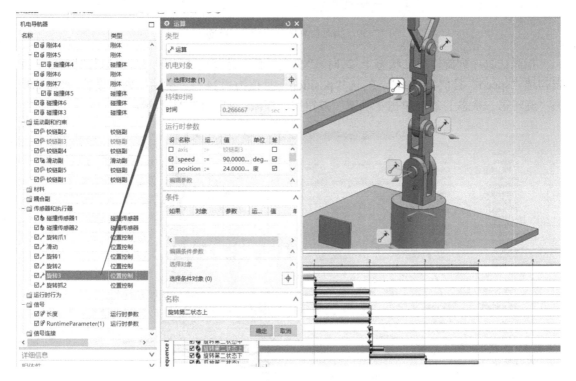

图 12-29　指派仿真序列旋转第二状态上

指派第二状态第二步时，保持旋转第二状态中参数设置，包含卡爪的松开。指派仿真序列旋转第二状态下 2 时，"机电对象"选择为"旋转 1"，"运行时参数"列表勾选"speed"且值为"63.8454"，勾选"position"且值为"63.8454"，"条件"处不设置，"名称"为"旋转第二状态下 2"，单击"确定"按钮完成指派，如图 12-30 所示。

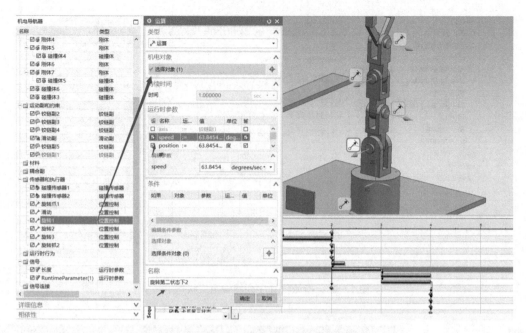

图 12-30　指派仿真序列旋转第二状态下 2

指派仿真序列旋转第二状态上 2 时，"机电对象"选择为"旋转 3"，"运行时参数"列表勾选"speed"且值为"90"，勾选"position"且值为"24"，"条件"处不设置，"名称"为"旋转第二状态上 2"，单击"确定"按钮完成指派，如图 12-31 所示。

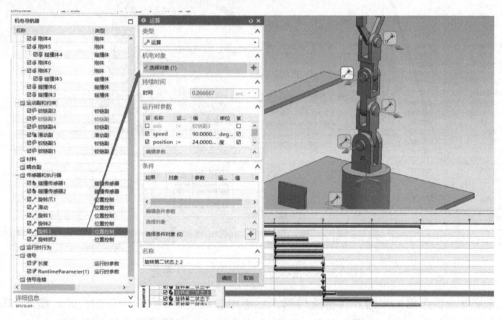

图 12-31　指派仿真序列旋转第二状态上 2

指派仿真序列旋转第三状态时，将轴的"position"输入值设为"0"，其余参数同前，即可返回初始状态位置。

（9）指派连接器

物体下料（以此为基准时间），当经过碰撞传感器 1，产生控制信号，刚体 2 移动而挡住刚体 7，此时触发碰撞传感器 2，这时机械手进入第一状态（三轴联动），同时挡块开始返回并等待碰撞传感器 1 下一次信号；卡爪夹住物体，开启第二状态（三轴联动），卡爪松开，进入第三状态（三轴联动），等待碰撞传感器 2 下一次信号。按照此流程即可完成指派，如图 12-32 所示。

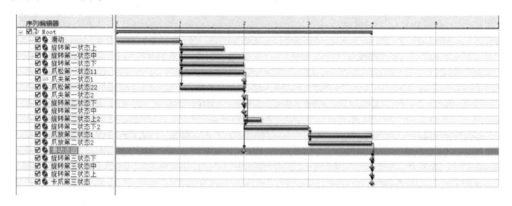

图 12-32　连接器的指派流程

参 考 文 献

[1] 工业机械手图册编写组. 工业机械手图册[M]. 北京：机械工业出版社，1978.

[2] 善盈盈，邓劲莲. UG NX 项目教程[M]. 北京：机械工业出版社，2016.